助力乡村振兴
出版计划

【现代养殖业实用技术系列】

肉牛
优质高效
养殖技术

主　　编　赵拴平

副 主 编　徐　磊

编写人员　金　海　贾玉堂

　　　　　吴　娟　李　默

时代出版传媒股份有限公司
安徽科学技术出版社

图书在版编目（CIP）数据

肉牛优质高效养殖技术 / 赵拴平主编. --合肥:安徽
科学技术出版社,2022.12
助力乡村振兴出版计划.现代养殖业实用技术系列
ISBN 978-7-5337-6936-9

Ⅰ.①肉…　Ⅱ.①赵…　Ⅲ.①肉牛-饲养管理
Ⅳ.①S823.9

中国版本图书馆 CIP 数据核字（2022）第 215423 号

肉牛优质高效养殖技术　　　　　　　　　　　　　　　　　主编　赵拴平

出版人:丁凌云　选题策划:丁凌云　蒋贤骏　陶善勇　责任编辑:王　霄
责任校对:沙　莹　责任印制:梁东兵　　　　　　　装帧设计:冯　劲
出版发行:安徽科学技术出版社　　　　http://www.ahstp.net
（合肥市政务文化新区翡翠路 1118 号出版传媒广场,邮编:230071）
电话:（0551）63533330
印　　制:合肥华云印务有限责任公司　　　电话:（0551）63418899
（如发现印装质量问题,影响阅读,请与印刷厂商联系调换）

开本:720×1010　1/16　　　印张:10.75　　　字数:150 千
版次:2022 年 12 月第 1 版　　　印次:2022 年 12 月第 1 次印刷

ISBN 978-7-5337-6936-9　　　　　　　　　　　定价:39.00 元

出版说明

  "助力乡村振兴出版计划"（以下简称"本计划"）以习近平新时代中国特色社会主义思想为指导，是在全国脱贫攻坚目标任务完成并向全面推进乡村振兴转进的重要历史时刻，由中共安徽省委宣传部主持实施的一项重点出版项目。

  本计划以服务乡村振兴事业为出版定位，围绕乡村产业振兴、人才振兴、文化振兴、生态振兴和组织振兴展开，由《现代种植业实用技术》《现代养殖业实用技术》《新型农民职业技能提升》《现代农业科技与管理》《现代乡村社会治理》五个子系列组成，主要内容涵盖特色养殖业和疾病防控技术、特色种植业及病虫害绿色防控技术、集体经济发展、休闲农业和乡村旅游融合发展、新型农业经营主体培育、农村环境生态化治理、农村基层党建等。选题组织力求满足乡村振兴实务需求，编写内容努力做到通俗易懂。

  本计划的呈现形式是以图书为主的融媒体出版物。图书的主要读者对象是新型农民、县乡村基层干部、"三农"工作者。为扩大传播面、提高传播效率，与图书出版同步，配套制作了部分精品音视频，在每册图书封底放置二维码，供扫码使用，以适应广大农民朋友的移动阅读需求。

  本计划的编写和出版，代表了当前农业科研成果转化和普及的新进展，凝聚了乡村社会治理研究者和实务者的集体智慧，在此谨向有关单位和个人致以衷心的感谢！

  虽然我们始终秉持高水平策划、高质量编写的精品出版理念，但因水平所限仍会有诸多不足和错漏之处，敬请广大读者提出宝贵意见和建议，以便修订再版时改正。

本册编写说明

　　肉牛生产是畜牧业生产的重要组成部分，牛肉是百姓"菜篮子"的重要品种之一。发展肉牛生产，对于增强牛肉供给保障能力、全面推进乡村振兴、促进畜牧业经济发展具有十分重要的意义。近年来，随着农业产业结构的调整和乡村振兴战略的实施，肉牛产业呈现蓬勃发展态势，新建规模牛场不断涌现。为促进肉牛产业发展，农业农村部和地方政府先后出台了一系列相应的鼓励和扶持政策。当前，我国肉牛产业正处于从分散、小规模生产经营方式向规模化、集约化、专业化肉牛生产经营方式转型的关键时期，但也存在诸多问题，如产业规模化程度仍较低，抵御风险能力较弱，产品结构和销售模式单一等，亟须在肉牛种质资源保护的基础上，进行合理开发利用，培育肉牛新品种，加强营养与饲料、生产与环境控制，促进肉牛屠宰与加工，融合全产业链发展。

　　本书从肉牛产业的发展趋势入手，共分 7 章，介绍了肉牛品种及杂交改良、肉牛场的建设及粪污处理、肉牛饲养管理、肉牛繁殖技术、肉牛育肥技术、肉牛营养需要与饲料资源利用、肉牛疫病防治等方面的内容，较为系统地介绍了肉牛生产的关键环节。全书内容结合肉牛产业发展的实际需要，力求实现理论通俗化、技术实用化。

目　录

第一章 ▶ 肉牛品种及杂交改良

⊙ 第一节　肉牛品种

我国黄牛品种众多,其中以五大黄牛秦川牛、延边牛、晋南牛、南阳牛和鲁西牛最为典型。安徽省饲养的黄牛品种较多,主要包括地方品种大别山牛、皖南牛、皖东牛,以及从国外引进的西门塔尔牛、安格斯牛、利木赞牛等。大别山牛、皖南牛、皖东牛等地方品种在初生重、日增重、成年体重、育肥性能、饲料成本等方面虽然比不上引进品种,但具有耐粗饲、抗病力强和适应性强等优点,是发展肉牛产业不可或缺的遗传资源。

一 国外肉牛品种

(一)西门塔尔牛

1.产地分布

西门塔尔牛原产于瑞士阿尔卑斯山区,山地海拔大部分在 2 000 米以上,属北温带气候。山地牧场牧草丰富,除冬季舍饲外,其余均放牧饲养,经长期本品种选育而成为大型乳肉皆用品种。西门塔尔牛适应各种气候条件的能力很强,从北美洲到南美洲,从北欧到非洲南部都有分布。

2.外貌特征

西门塔尔牛头较长,颜面部宽,眼大有神。角细、呈白色,向外向上弯曲,角尖稍向上。颈中等长,与鬐甲结合良好。体躯长,肋骨开张,有弹性,胸部发育好,尻部长而平,四肢端正结实,大腿肌肉发达。乳房发育较好,

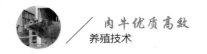

向后伸展。毛色为黄白花或红花或红白花。头腹下和尾帚多为白色,肩部和腰部有条状白毛片。被毛柔软而有光泽。

3.生产性能

成年公牛体重1 000~1 300千克,母牛体重600~800千克;公牛体高142~150厘米,母牛体高134~142厘米;犊牛初生体重30~45千克。西门塔尔牛产乳、产肉性能均较高。欧洲各国西门塔尔牛的平均产乳量为3 500~4 500千克,乳脂率3.64%~4.13%,四胎以上平均产乳量为5 274千克,乳脂率4.12%,乳蛋白率3.28%。西门塔尔牛的产奶性能仅次于荷斯坦牛。犊牛在放牧条件下日增重可达800克,舍饲肥育条件可达到1 000克,1.5岁体重为440~480千克。公牛肥育后屠宰率为65%左右,一般母牛在半肥育状态下,屠宰率为53%~55%。

4.繁殖性能

西门塔尔母牛常年发情,发情持续期20~36小时,一般的发情期受胎率在69%以上,妊娠期284天。成年母牛难产率低。种公牛每年能生产11 000毫升左右的精液,是产量比较高的牛种,对改良黄牛十分有利。西门塔尔牛在我国已具备自我供种能力,繁育西门塔尔牛较早的省区都能提供种畜或冷冻精液。

5.产业现状

西门塔尔牛体质结实,产肉、产乳性能好,适应性强,性情温顺,耐粗饲,适宜放牧饲养,与我国黄牛杂交,杂种后代体格增大,生长快,后代母牛产奶量成倍提高,为下一轮杂交提供很好的母系。另外,对粗饲料不挑剔也是西门塔尔牛在我国利用广的原因之一。因此,在肉牛杂交体系中,适合作"外祖父"角色。近年来,也在"合成系"中作母系,与专门的父系杂交,组成高产的肉用生产配套系。

(二)安格斯牛

1.产地分布

安格斯牛全称阿伯丁–安格斯牛,因无角,毛色纯黑,故也称无角黑牛。原产于苏格兰北部的阿伯丁、安格斯和金卡丁等郡,是英国最古老的小型肉用品种之一。目前,安格斯牛分布于世界大多数国家,在美国肉牛总头数中占1/3,是澳大利亚肉牛业很受欢迎的品种之一。

2.外貌特征

无角、黑毛是重要外貌特征,体格较低矮。体质结实,头小面方,额宽。中等长,背腰平直丰满。体躯宽而深,呈圆筒状。四肢短、较直,全身肌肉丰满,具有典型的肉牛外貌。皮肤松软,富弹性,被毛光泽且均匀整齐。因背毛颜色分为红安格斯牛和黑安格斯牛。

3.生产性能

安格斯成年牛体重,公牛为800~900千克,母牛为500~600千克。犊牛平均初生重25~32千克。成年公母牛平均体高分别为130厘米和118厘米。安格斯牛具有良好的肉用性能,被认为是世界上专门化肉牛的典型品种之一。具有生长发育快、早熟易肥、胴体品质好、出肉率高、肉的大理石纹状好等特点。屠宰率为60%~65%。哺乳期平均日增重900~1 000克,育肥期平均日增重700~900克。

4.繁殖性能

安格斯牛早熟易配,12月龄性成熟,常在18~20月龄初配。发情周期为(20±2)天,发情持续期为6~30小时(平均21小时)。妊娠期为(279±47)天。产犊间隔期约12个月。连产性好,难产极少。

5.产业现状

我国于1974年从英国、澳大利亚等国家开始引入,其中包括红安格斯牛,目前主要分布在北方各省。改良我国小型黄牛效果显著,以大别山牛为母本的杂交一代成年牛体重明显提高,可作为经济杂交的父本或山区黄牛的改良者。

(三)利木赞牛

1.产地分布

利木赞牛原产于法国利木赞高原,原为役肉兼用牛,逐步培育成现在的专门化大型肉用品种。群体数量约70万头,在法国仅次于夏洛莱牛,居第二位。

2.外貌特征

体躯呈圆筒形,头短,嘴较小,额宽。母牛角细向前弯曲,公牛角粗而较短,向两侧伸展,并略向外卷曲。胸宽、深,肋圆,背腰较短,尻平,背腰及臀部肌肉丰满。四肢强壮,较细。被毛为黄棕色。

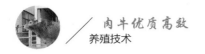

3.生产性能

法国比较好的成年公牛体重为950~1200千克,母牛为600~800千克。成年公牛体高平均为140厘米,母牛体高平均为130厘米。公、母犊牛初生重分别为36千克和35千克。眼肌面积大,肉嫩,脂肪少而瘦肉多,肉的风味好。该品种的特点是小牛产肉性能好,为生产早熟小牛肉的主要品种。8月龄就具有成年牛大理石纹状的肌肉,肉质细嫩,沉积的脂肪少,瘦肉多(占80%~85%)。3~4月龄体重为140~170千克的小公牛,屠宰率为67.5%。在良好的饲养条件下,哺乳期平均日增重860~1000克,公牛10月龄体重即达408千克,周岁时达480千克,胴体产肉率74%。成牛平均产乳量为1200千克,乳脂率为5%。

4.繁殖性能

利木赞牛一般在21月龄开始配种,2.5岁产第一胎。母牛利用年限为9岁,平均产犊6.4头。难产率极低是利木赞牛的优点之一,无论与任何肉牛品种杂交,其犊牛初生重都比较小,一般要轻6~7千克。其初产牛的顺产率也较高,为杂交体系提供了方便。

5.生产现状

利木赞牛性情温顺,对环境条件适应性强,耐粗饲。具有早熟、生长速度快、难产率低、适宜生产小牛肉等特点,在肉牛杂交体系中起着良好的配套作用,受到世界不少国家的关注。许多国家用其改良当地牛或进行经济杂交,美国和加拿大主要用于生产小牛肉。我国1974年首次从法国引入,因毛色接近中国黄牛,比较受群众欢迎,是用于改良本地牛的主要引入品种。改良我国地方黄牛时,杂种后代体形改善,肉用特征明显,生长快,18月龄体重比本地黄牛高31%,22月龄屠宰率为58%~59%,既可用于开发高档牛肉和生肉,又能改善黄牛臀部发育差的缺点,是优秀的父本品种。

(四)夏洛莱牛

1.产地分布

夏洛莱牛是现代大型肉用育成品种之一,原产于法国中部的索恩-卢瓦尔省夏洛莱地区和涅夫勒省。主要通过本品种严格选育而成。该品种占法国牛总头数的15%,占肉用牛总头数的37.8%,已输出到世界五大洲 50 多个国家和地区,现不少进口国建有自己的夏洛莱牛育种基地,从而推动了该牛种的进一步优化。

2.外貌特征

体格大,体质结实,全身肌肉非常丰满,尤其是后腿肌肉圆厚,并向后突出,形成"双肌"特征。头中等大,颜面部宽,嘴宽而方。角圆、长,向两侧并向前伸展,角为蜡黄色。颈粗、短,胸深,肋圆,背部肌肉厚。体躯呈圆筒状,四肢正直,蹄为蜡黄色。公牛常见有双鬐甲和背凹者。被毛细长,毛色为白色。成年公牛体重为 1 100~1 200 千克,体高、体长和胸围分别为 132 厘米、165 厘米和 203 厘米。平均初生重公犊牛为 45 千克,母犊牛为 42 千克。

3.生产性能

夏洛莱牛生长速度快,眼肌面积大,瘦肉产量高。在良好的饲养条件下,6 月龄公犊牛平均日增重为 1 298 克,母犊牛为 1 062 克;8 月龄分别为 1 175 克和 946 克。屠宰率一般为 60%~70%,眼肌面积为 82.90 厘米²,胴体瘦肉率为 80%~85%。夏洛莱母牛平均产乳量为 1 700~1 800 千克,个别母牛超过 2 500 千克,乳脂率为 4.0%~4.7%。

4.繁殖性能

夏洛莱母牛初次发情在 396 日龄,初次配种时间在 17~20 月龄。法国多采用小群自然交配,公母牛配种比例为 1:10~1:30。缺点是难产率高(平均为 13.7%)。

5.生产现状

目前夏洛莱牛在我国比较受欢迎,其杂交改良牛超过百万头,仅次于西门塔尔牛。在黑龙江、辽宁、山西、河北、新疆等省区用夏洛莱牛同当地黄牛杂交,杂种牛体格明显增大,增长速度加快,杂种优势明显。当选配的母牛是其他品种的改良牛时,尤其是西门塔尔改良母牛,效果更明显。

由于夏洛莱牛晚熟,繁殖性能低,难产率高,不宜作小型黄牛的第一代父本,应选择与体形较大的经产母牛杂交,在肉牛经济杂交生产中适宜作"终端"公牛。

二 中国五大黄牛品种

(一)秦川牛

1.品种形成

秦川牛形成历史悠久。从西安半坡村遗址的发掘考证,早在6 000年前,半坡人即定居于此,从事农耕和饲养家畜,开始有圈养。公元前8世纪,古籍中就有关中地区"择良牛献主"的记载,当时主要作食用,并开始用于耕田。2009年,昝林森等从古代牛种的角、头部、颈部、鬐甲部、胸深、背部和股部7个方面的形态学特征的演化过程对秦川牛的起源进行了探索,结果发现由商代晚期至唐代中期,古代牛种的体质外貌明显向适于役用的方向进化,两汉时期是古牛种的重要转折期。从南北朝到唐代,牛种逐渐演化出与现代秦川牛极为相似的特征。

1944年2月,在陕西宝鸡耕牛繁殖会议上首次提出"秦川牛"名称,后被广泛认可并沿用至今。1956年,西北农学院(现西北农林科技大学)邱怀、刘景星等对秦川牛做了系统的调查,提出了有关秦川牛发展的意见和建议。1958年后,陕西省相继成立了乾县、渭南2个良种选育辅导站和5个省县属秦川牛场,在中心产区建立了秦川牛良种基地县。1973年推广人工授精和冷冻精液配种技术。1975年成立秦川牛选育协作组,制定选育方案,开展良种登记等。

20世纪80年代,陕西省引进短角牛和丹麦红牛改良秦川牛性能,使秦川牛产乳能力有了一定提高。《畜牧业·牛》特种邮票1套6枚,秦川牛位列其首,作为我国地方良种黄牛的优秀代表荣登国家名片。从1984年开始,陕西省每年向秦川牛原种场提供保种经费。2008年农业部公告第1 058号发布"第一批国家级畜禽遗传资源保护区/保种场"名单,公布陕西省秦川牛场(编号:C6102011)为国家级秦川牛保种场。1965年制定了秦川牛种畜企业标准。1986年发布《秦川牛》国家标准(GB/T 5797—1986),于2003年发布修订的《秦川牛》国家标准(GB/T 5797—2003)。1988年收录于《中国畜禽品种保护名录》和《中国牛品种志》,2000年列入《国家畜禽品种保护名录》,于2006年列入《国家畜禽品种保护名录》,2011年收录于《中国畜禽遗传资源志·牛志》。

2.产地分布

秦川牛产于陕西省渭河流域关中平原地区,因"八百里秦川"而得名。以东起渭南、蒲城,西至扶风、岐山等 15 个县市为主产区,尤以礼泉、乾县、扶风、咸阳、兴平、武功和蒲城等 7 个县的牛最为著名。

3.外貌特征

秦川牛属较大型的役肉兼用品种。体质结实,骨骼粗壮,体格高大,结构匀称,肌肉丰满。毛色以紫红色和红色为主(90%),其余为黄色。鼻镜为肉红色。公牛头大额宽,整体粗壮、丰满,俗称"五短一长",即脖子短、四肢短、腰身长,有明显的肩峰。母牛头清秀,口方,面平,角短而钝,向后或向外下方伸展,鬐甲低而薄。胸部宽深,肋骨开张良好。四肢结实,蹄圆大,蹄多呈红色。缺点是牛群中常见有尻稍斜,前肢外弧、后肢呈 X 状飞节的个体。

4.生产性能

秦川牛的役用性能较好,最大挽力为体重的 71.1%~77.0%。肉用性能尤为突出,具有肥育快、瘦肉率高、肉质细嫩、大理石纹状结构明显等特点。在中等饲养水平条件下,18 月龄公牛、母牛、阉牛的宰前体重依次为436.9 千克、365.6 千克和 409.8 千克;平均日增重相应为 700 克、550 克和590 克;平均屠宰率为 58.28%,净肉率为 50.5%,胴体产肉率为 86.65%,瘦肉率76.04%,骨肉比 1∶6.13,眼肌面积为 97.02 厘米^2。泌乳期平均为 7 个月,产乳量为 715.8 千克。公犊牛初生重为 27.4 千克,母犊牛为 25 千克。

5.繁殖性能

秦川母牛的初情期为 9.3 月龄,发情周期为 20.9 天,发情持续期为39.44 小时(范围为 25~63 小时),妊娠期为 285 天,产后距第一次发情为53.1 天。公牛 12 月龄性成熟。公牛、母牛初配年龄为 2 岁。母牛可繁殖到14~15 岁。

6.生产现状

秦川牛适应性好,全国已有多个省(区)引入秦川牛进行纯种繁育或改良当地黄牛,都取得了很好的效果。秦川牛作为母本,曾与丹麦红牛、兼用短角牛、荷斯坦牛杂交,产肉、产乳性能有所提高。由于该牛优质肉块比例大,繁殖性能好,若用作杂交母本,可生产出大量高档优质牛肉。

秦川牛是我国优秀的地方良种,是理想的杂交配套品种。

(二)延边牛

1.品种形成

东北地区,汉时属幽州,牛文化是10世纪以后逐渐形成的。本地牛含有蒙古牛血统。清道光(1821—1850)以来,随着朝鲜民族的迁入,朝鲜牛输入我国东北地区。在当地的自然和经济条件下,输入的朝鲜牛和本地牛进行长期的杂交和生产使用,对延边牛形成发挥了较大作用。其后,有些地区还引入过奶牛品种。延边牛在形成过程中,既保留了蒙古牛血液,也导入了朝鲜牛和乳用牛的血液。

20世纪50—60年代,当地畜牧部门对延边牛进行调查研究,实施了划定选育区、成立育种组织、建立种牛场和推广先进技术、开展科学研究等措施,促进了延边牛的发展和质量的提高。

1961年颁布《延边黄牛》地方标准。1979年在长沙召开的畜禽品种资源调查会议上,将吉林省的延边牛、长白地方牛,辽宁省的沿江牛和黑龙江省的朝鲜牛并入延边牛。20世纪80年代成立了"延边牛育种委员会"。2005年颁布施行了《延边朝鲜族自治州延边黄牛管理条例》,这是我国第一部关于黄牛的地方立法。2010年吉林省成立"延边牛产业联合会"。2008年农业部公告第1 058号发布"第一批国家级畜禽遗传资源保护区/保种场"名单,吉林省延边朝鲜族自治州种牛场(编号:C2202002)为国家级延边牛保种场。延边牛1988年收录于《中国牛品种志》,2000年列入《国家畜禽品种保护名录》,2006年列入《国家畜禽遗传资源保护名录》,2011年收录于《中国畜禽遗传资源志·牛志》。

2.产地分布

延边牛产于吉林省延边朝鲜族自治州,分布于吉林、辽宁及黑龙江等省,属寒温带山区的役肉兼用品种。

3.外貌特征

体质粗壮结实,结构匀称。两性外貌差异明显。公牛角根粗,多向后方伸展,呈"一"字形或倒"八"字形,颈短厚而隆起。母牛角细而长,多为龙门角。背、腰平直,尻斜。前躯发育比后躯好。毛色为深、浅不同的黄色。

4.生产性能

产肉性能良好,易肥育,肉质细嫩,呈大理石纹状结构。经180天肥育于 18 月龄屠宰的公牛,平均日增重 813 克,胴体重 265.8 千克,屠宰率57.7%,净肉率 47.2%,眼肌面积 75.8 厘米²。泌乳期约 6 个月,产乳量为500~700 千克,乳脂率为 5.8%~8.6%。产后 2 个月内产乳量占全程产乳量的 50%左右。

5.繁殖性能

母牛性成熟平均 13 月龄,公牛平均 14 月龄,一般 20~24 月龄初配,发情周期平均为 20.5 天,发情持续期平均为 20 小时。延边牛抗寒,耐粗饲,抗病力强,性情温顺,易肥育,产肉性能良好。繁殖利用年限公牛 8~10岁,母牛 10~13 岁。

6.生产现状

20 世纪 60 年代以来,延边牛曾被引进到河北、山东等地,大多生长发育良好,遗传性能稳定。以延边牛品种资源为遗传基础,应用利木赞牛级进杂交培育形成的延黄牛,继承了延边牛许多优点,具有遗传性稳定、适应性强、毛色黄且肉用性能好等特点。2009 年培育成功的辽育白牛,也是以延边牛为母本、经夏洛莱牛杂交选育而成的。从母系角度而言,延边牛对中国荷斯坦牛和中国西门塔尔牛的品种培育也具有血液贡献。

20 世纪 90 年代以后,日本和牛被陆续引入我国,在吉林、辽宁等省与地方牛杂交,来增加牛肉的大理石状纹,从而提高牛肉价格。杂交牛毛色黑,适应性好,其中在吉林的长白山一带已形成一定数量的黑牛群体。

(三)晋南牛

1.品种形成

晋南盆地是我国古代文化发祥最早的地区。汉时有"山西黄牛大于水牛,一牛牵乘大车"之说。后汉"世祖建武元年(25),曾(有人)转河东来耩牛羊给南单于",作为上贡之品,说明晋南牛已具备较好的产肉性能。

1960—1966 年,以山西省畜牧兽医研究所为主开展了晋南牛的选育工作:对中心产区的种公牛进行综合评定,有计划地留用种牛,不合格的一律淘汰;对示范区的母牛做综合鉴定,编号建档;产区按等级选配,从幼犊开始即加强饲养管理和培育等一系列措施,对晋南牛质量提高起到了一定作用。20 世纪末期以来,晋南牛的数量日益减少。山西省加强了晋

南牛的保护和利用工作,经过建设,已形成以运城市种公牛站、运城市黄牛场、运城市晋南牛保护中心为主的保种体系。

晋南牛1983年收录于《山西省家畜家禽品种志》,1988年收录于《中国牛品种志》,2000年列入《国家畜禽品种保护名录》,2006年列入《国家畜禽遗传资源保护名录》,2011年收录于《中国畜禽遗传资源志·牛志》。

2.产地分布

晋南牛产于山西省西南部汾河下游的晋南盆地,中心产区为运城市的万荣、河律、临猗、水济、运城、夏县、闻喜、芮城、新绛和临汾市的侯马、曲沃、襄汾等县市。

3.外貌特征

体格大,骨骼结实。母牛头较清秀,角尖为枣红色,角形较杂。公牛额短稍凸,角粗、圆,为顺风角。前躯发达,背平直,腰短。尻较窄略斜,乳房发育不足,乳头细小。鼻镜、蹄壳为粉红色,毛色多为枣红色。公犊牛初生重为25.3千克,母犊牛为24.1千克。

4.生产性能

该牛耕作能力强,持久力大,最大挽力约为体重的55%。产肉性能尚好,在一般肥育条件下,16~24月龄屠宰率为50%~58%,净肉率为40%~50%,肥育期平均日增重为631~782克;强度肥育条件下,屠宰率、净肉率分别为59%~63%和49%~53%,肥育期平均日增重为681~961克,骨肉比为1:5.64,眼肌面积为77.59厘米^2。在农村一般饲养条件下,泌乳期8个月,平均产乳量为745.1千克,乳脂率5.5%~6.1%。

5.繁殖性能

性成熟期为9~10月龄,母牛初次配种年龄为2岁。公牛繁殖年限为8~10岁,母牛为12~13岁。发情周期为18~24天,平均21天,妊娠期为285天。产犊间隔为14~18个月。

6.生产现状

晋南牛的遗传性能优良、稳定,对平陆山地牛有血统影响,作为杂交育种的母本,对中国西门塔尔牛的品种培育有血液贡献。从20世纪50年代初期开始,晋南牛被陆续推广到山西省内的吕梁、忻县、晋中、长治等地区,用于改良当地牛。其他省份如四川、云南、陕西、甘肃、江苏、安徽、河南等地也有调运或购买种牛者。晋南牛和本地牛的杂交后代,其体尺、体重都大于本地牛,体形、毛色似晋南牛,使役能力增强;缺点是改良牛在山区行走欠灵巧,蹄质不够坚硬。

(四)南阳牛

1.品种形成

河南省地处我国中原腹地,是中华文明和中华民族的重要发源地,牛业发展较早,殷商时就有养牛的记载。"南阳黄牛"的名称最早由南阳地区王一中先生于 20 世纪 50 年代初提出并被认可。1959 年中国农业科学院在河南省南阳地区邓县建立"黄牛研究所",1961 年研究所由地方管理,改成"南阳地区黄牛良种繁殖场"。1968—1971 年在此成立了"五七干校",1972 年撤销干校,恢复黄牛研究所和黄牛场,专门从事南阳牛的研究工作。1975 年成立了南阳黄牛选育协作组,1977 年南阳牛选育的研究正式列入国家计划,1998 年制定了"南阳牛保种育种及杂交生产总体规划"。21 世纪初成立南阳牛科技中心。

1981 年发布《南阳牛》国家标准(GB 2415—1981),2008 年发布修订的《南阳牛》国家标准(GB/T 2415—2008)。 2008 年农业部公告第 1 058号发布"第一批国家级畜禽遗传资源保护区/保种场"名单,公布河南省南阳市黄牛良种繁育场(编号:C410200)为国家级南阳牛保种场。南阳牛1986 年收录于《河南省地方优良畜禽品种志》,1988 年收录于《中国牛品种志》,2000 年列入《国家畜禽品种保护名录》,2006 年列入《国家畜禽遗传资源保护名录》,2011 年收录于《中国畜禽遗传资源志·牛志》。

2.产地分布

南阳牛产于河南省南阳地区白河和唐河流域的平原地区,以南阳、唐河、社旗、方城等 8 个县市为主产区,属中国五大良种黄牛之一。

3.外貌特征

体格高大,结构匀称,体质结实,肌肉丰满。胸部深,背腰平直,肢势端正,蹄圆大。公牛以萝卜头角为多,肩峰高。母牛角细,一般中、后躯发育良好,乳房发育差。部分牛有斜尻。毛色以黄色最多(占 80.5%),其余为红、草白色等。鼻镜多为肉色带黑点。公犊牛初生重为 29.9 千克,母犊牛为 26.4 千克。

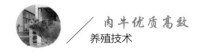
4.生产性能

18 月龄公牛平均屠宰率为 55.6%，净肉率为 46.6%；3~5 岁阉牛在强度肥育后,屠宰率达 64.5%,净肉率达 56.8%,眼肌面积为 95.3 厘米^2。南阳牛肉质细嫩,颜色鲜红,大理石纹状结构明显。泌乳期为 180~240 天,产乳量为 600~800 千克,乳脂率为 4.5%~7.5%,最高日产乳量为 9.15 千克。南阳牛体格高、步速快,是著名的"快牛"。

5.繁殖性能

母牛性成熟期较早,初情期为 8~12 月龄。发情周期为 21 天,发情持续期为 1~1.5 天,妊娠期平均为 291.6 天。2 岁初配,利用年限 5~9 年。

6.生产现状

南阳牛具有适应性良好、耐粗饲、肉用性能好等特点。多年来已向全国多个省（区）输入种牛改良当地黄牛,效果良好。作为母本与利木赞牛、夏洛莱牛、皮埃蒙特牛杂交,优势明显,可望获得肉用新品系。

（五）鲁西牛

1.品种形成

鲁西牛产区是我国东夷文化发祥地,蚩尤部落（今巨野、汶上有遗址）的图腾即是好战的野牛。大汶口文化和龙山文化遗址出土文物表明,牛在当地很早即成为家畜。从滕州宏道院的东汉牛耕画像石和嘉祥武氏祠的汉画像石看到,汉时的牛已具有现代鲁西牛之雏形。20 世纪初期,帝国主义势力入侵中国,德国人于 1906 年在青岛港侧建立了日（8 小时）屠宰能力 900 头规模的宰牛场,大量从鲁西一带收购黄牛屠宰出口。第一次世界大战后,日本接替了德国在华利益,继续利用该场将本地黄牛屠宰运往日本等地。20 世纪 50—60 年代,"山东膘牛"是产区大宗出口商品,换回了相当数量的外汇,有力支援了国家经济建设。

1954 年国家组织了第一次大规模的鲁西牛调查,鲁西牛（或称鲁西黄牛）由此定名。1957 年以后,在菏泽、济宁分别建立了鲁西牛育种辅导站,并在菏泽、鄄城、金乡、微山、禹城等县建立了多处鲁西牛良种繁育场。20 世纪 80 年代成立"鲁西牛育种委员会",2005 年由中国农业科学院畜牧兽医研究所主持的"优质鲁西肉牛新品系选育技术研究"项目列入国家"863"计划,对鲁西牛进行了线性评分,超声波测定背膘厚和大理石花纹,并采集血样用于遗传标记研究等。2004 年成立"鲁西牛产业联合会"等组织,开展了育种和产业开发等工作。

山东省 1983 年发布《山东省地方标准鲁西黄牛》(DB37/T 068—1983),2005 年发布修订《山东省地方标准鲁西黄牛》(DB37/T 514—2004)。2008 年农业部公告第 1 058 号发布"第一批国家级畜禽遗传资源保护区/保种场"名单,公布山东省鲁西黄牛原种场(编号:C3702005)、山东省梁山鲁西黄牛原种场(编号:C3702006)为国家级鲁西牛保种场。鲁西牛 1983 年列入《山东省畜禽品种志》,1988 年收录于《中国牛品种志》,1999 年列入《山东省地方畜禽品种保护名录》,2000 年列入《国家畜禽品种保护名录》,2006 年列入《国家畜禽遗传资源保护名录》,2011 年收录于《中国畜禽遗传资源志·牛志》。

2.产地分布

鲁西牛产于山东省西南部黄河以南、运河以西的济宁、菏泽两地区,以郓城、鄄城、梁山、菏泽、嘉祥、济宁等 10 个市(县)为中心产区。属中国五大良种黄牛之一,以优秀育肥性能著称。

3.外貌特征

体格高大而稍短,骨骼细,肌肉发育好。侧望近似长方形,具有肉用型外貌,公牛头短而宽,角较粗,鬐甲高,垂皮发达。母牛头稍窄而长,颈细长,垂皮小,鬐甲平,后躯宽阔。毛色以黄色为最多。约70%的牛具有完全或不完全的"三粉特征"(眼圈、嘴圈和腹下至股内侧呈粉色或毛色较浅)。

4.生产性能

在一般饲养条件下,日增重 500 克以上。据测定,18 月龄平均屠宰率57.2%,净肉率49.0%,骨肉比为 1:6.0,眼肌面积 89.1 厘米^2。成年牛平均屠宰率为 58.1%,净肉率为 50.7%,骨肉比为 1:6.9,眼肌面积 94.2 厘米^2。肉质细,脂肪分布均匀,大理石纹明显。

5.繁殖性能

一般 10~12 月龄开始发情,发情周期平均 22 天,发情持续期 2~3天,妊娠期平均285 天。1.5~2 岁初配,终生可产犊 7~8 头。

6.生产现状

鲁西牛耐粗饲,性情温驯,易管理,适应性好。耐寒力较弱,有抗结核病及焦虫病的特性。改良效果也较好,尤以利木赞牛为父本,改良其躯体

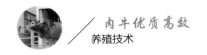
成熟晚、日增重不高、后躯欠丰满的缺点效果明显。

三 中国主要培育品种

(一)中国西门塔尔牛

中国西门塔尔牛由 20 世纪 50 年代、70 年代末和 80 年代初引进的德系、苏系和奥系西门塔尔牛在中国的生态条件下与本地牛进行级进杂交后,对高代改良牛的优秀个体进行选种选配培育而成。属于乳肉兼用型培育品种。

1.品种培育

西门塔尔牛早在 20 世纪初就开始引入中国,而后在 50 年代,从苏联引进,70—80 年代再从西德、瑞士、奥地利大量引进(80 年代从奥地利、西德引进 500 余头),1987 年还从法国引入蒙贝利亚牛(法系西门塔尔牛)。

被引入的西门塔尔牛被大量应用于我国肉牛杂交生产领域。杂交母本主要是内蒙古东部、北部的蒙古牛,辽宁的复州牛,内蒙古、吉林的三河牛,四川的宣汉牛,安徽的大别山牛,河北的本地牛,山西的晋南牛及新疆的哈萨克牛等。

中国西门塔尔牛系统选育始于 20 世纪 80 年代。1981 年由农业部组织成立中国西门塔尔牛育种委员会,有 22 个省(自治区)参加了育种工作,进行过三批全国联合的种公牛后裔鉴定。在 1986 年农业部发布的全国牛的品种区域规划中,确定了西门塔尔牛为改良农区、半农半牧区黄牛主要品种。在新疆呼图壁和吉林查干花建立了两个较大的原种场,在太行山两麓半农半牧区建立了 40 万头的西杂繁育区,在皖北、豫东、苏北农区建立了 25 万头的改良区,在松辽平原、科尔沁草原建立 50 万头的级进杂交群体。经过长时期的选育和推广,中国西门塔尔牛已遍及中国大部分肉牛产区,并渐次形成各具特点的地方生态类群,如内蒙古(科尔沁)草原类群、四川(宣汉)山区类群、太行山区类群、新疆(南疆)农区类群和中原农区类群等。

1981 年国家邮电部发行《西门塔尔杂种牛》特种邮票 1 枚(志号:T.63,畜牧业——牛,6-6),彰显了杂交改良在我国牛业生产中的重要作用。中国西门塔尔牛吸收了欧美多个地区的西门塔尔牛种质资源并应用于纯种牛核心群选育过程,育成的中国西门塔尔牛含西门塔尔牛基因占比为87.5%~96.9%。2002年通过农业部组织的品种审定,农业部以(农02)新品种证字第1号文件批准并正式命名为"中国西门塔尔牛"。2003年发布《中国西门塔尔牛》国家标准(GB 19166—2003)。中国西门塔尔牛2011年收录于《中国畜禽遗传资源志·牛志》。

2.产地分布

中国西门塔尔牛广泛分布于黑龙江、吉林、内蒙古、河北、河南、山东、山西、浙江、湖南、湖北、四川、甘肃、青海、新疆、西藏等近20个省(自治区)。产区面积大,既有草原和森林,也有山区、丘陵和平原,海拔高低悬殊,气候差距大,生态多样,环境各异,土壤、作物、植被类型多,饲养管理水平不一。

3.外貌特征

中国西门塔尔牛毛色多为红白花、黄白花,肩部和腰部有条状大片白毛;头白色,前胸、腹下、尾帚和四肢下部为白色。额部较宽,公牛角平出,母牛角多数向外上方伸曲。体躯深宽高大,结构匀称,肌肉发达,肋骨开张,胸部宽深,尻长而平,四肢粗壮,大腿肌肉丰满。行动灵活。乳房发达,发育良好,结构紧凑。

4.生产性能

中国西门塔尔牛在中等饲养管理条件下,能保持良好的生长发育速度。由于不同的地理和生态环境,个别地方类群的体形大小和体重略有差异,平原类群的体尺、体重比分布在太行山区、大别山区的山地类群要高一些。自6月龄到18或24月龄期间,平均日增重公牛1.0~1.1千克、母牛0.7~0.8千克。在短期育肥后,18月龄以上的公牛或阉牛屠宰率为54%~56%,净肉率为44%~46%。成年公牛和强度育肥后屠宰率在60%以上,净肉率在50%以上。母牛平均胎次产奶量(4 327.5±357.3)千克,平均乳脂率4.03%。

5.繁殖性能

中国西门塔尔牛母牛常年发情,在中等饲养水平下,母牛初情期13~15月龄、体重230~330千克,初配年龄为18月龄,体重在380千克左右。发情周期为18~21天,发情特征明显,发情持续期20~36小时,一般发情

期受胎率在 69% 以上，妊娠期 282~290 天，难产率低。种公牛一般在 14 月龄开始调试采精，一次射精量 (6.2±1.3) 毫升，精子密度 9 亿个/毫升，鲜精活力 0.82±0.10。种公牛利用年限 6~8 年。

6.适应性能

中国西门塔尔牛广泛分布在东北森林草原和科尔沁草原、中南的南岭山脉和其他山区、新疆的广大草原和青藏高原等广大区域。夏季平均气温自中南地区的 30℃ 到东北地区的 0℃，冬季平均气温从南方的 15℃ 到北方的 -20℃，绝对最高和最低气温变化更大。各地的年平均降水量 200~1 500 毫米。海拔最高的 3 800 米，最低的仅数百米。除地处海拔 3 800 米的西藏彭波农场需从犊牛阶段引种饲养以外，其他各地均可自群繁育饲养。

（二）中国草原红牛

中国草原红牛，原称吉林红牛和草原红牛，由吉林省农业科学研究院畜牧研究所、内蒙古家畜改良站、赤峰市家畜改良站、河北省张家口市畜牧兽医站等单位共同研究和培育而成，属于乳肉兼用型培育品种。

1.品种培育

中国草原红牛是吉林、内蒙古、河北三省（自治区）协作，以引进的兼用短角牛为父本、当地饲养的蒙古牛为母本，经杂交育种，在以放牧饲养为主的条件下育成的。

吉林、河北、内蒙古三省区自 1936 年就从国外引进短角牛改良当地牛，1952 年形成杂交群。系统的培育始于 1953 年，用从加拿大和新西兰引进的乳用短角牛公牛与当地蒙古牛杂交。1973 年三省区成立草原红牛育种协作组，推广使用冷冻精液授精技术，促进了育种进程。1974 年成立草原红牛育种协作组，拟定了"草原红牛育种方案和鉴定标准"。1979 年成立"草原红牛育种委员会"，次年开始自繁。1985 年通过农牧渔业部组织的验收和品种审定。

该品种培育初期称为吉林红牛，1974 年暂定名为草原红牛，1985 年正式命名为中国草原红牛。1981 年国家邮电部发行《草原红牛》特种邮票 1 枚（志号：T.63.畜牧业——牛，6-5），向世界介绍中国培育的乳肉兼用牛品种。1986 年发布了《中国草原红牛》农业行业标准（NY24—1986）。1988 年中国草原红牛以"草原红牛"名称收录于《中国牛品种志》，2011 年收录于《中国畜禽遗传资源志·牛志》。

2.产地分布

中国草原红牛育种核心群主要集中在吉林省通榆县三家子种牛繁殖场等牧场。分布于吉林省白城市西部、内蒙古赤峰市和锡林郭勒盟南部及河北省张家口市及附近地区。产区地理环境复杂,既有白城的低山丘陵,又有昭乌达盟(赤峰市)和锡林郭勒的草场肥美、灌木成荫,还有张家口岗梁、湖泊、滩地和草坡、草滩相间形成的波状高原景观。海拔150~1 600米。气候严酷多变,夏季酷热干燥、蚊蚋叮咬,冬季严寒、风雪交加。在自然放牧条件下,营养条件一般难以满足。自然的复杂性和生态的多样性促使中国草原红牛形成了良好的适应性。

3.外貌特征

中国草原红牛全身被毛为深红色或枣红色,少数牛腹股沟为淡黄色,有些腹下、睾丸及乳房有白色斑点。尾帚有白毛,鼻镜多为粉红色,兼有灰色、黑色。公牛额头及颈间多有卷毛。公母牛均有角,多为倒"八"字形,公牛角根部粗壮、较短,母牛角细长。体形结构好,身躯呈长方形。体格中等,头清秀,颈肩结合良好,胸宽深,背腰平直,后躯欠发达。四肢端正,蹄质结实。母牛乳房发育良好,呈盆状,不下垂。

4.生产性能

中国草原红牛从6月龄育肥至18月龄,平均日增重937.6克,宰前活重(473.80±28.70)千克,胴体重(269.90±21.50)千克,屠宰率(56.96±1.86)%;净肉重(220.95±17.90)千克,净肉率(46.63±1.62)%,眼肌面积83.25厘米²。在放牧加补饲的条件下,各胎次平均泌乳天数为210~220天,产乳量1 400~2 000千克,高产母牛产乳量3 600千克,平均乳脂率4.13%,乳蛋白率4.3%,乳糖率4.0%。

5.繁殖性能

公牛性成熟8月龄,母牛10月龄,初配年龄公牛16月龄、母牛18月龄。母牛常年发情配种,一般情况下4月份开始发情,6—7月份达旺季。发情周期为20~21天。妊娠期平均288天。初生重公犊33.5千克、母犊28.9千克,6月龄断奶重公犊162.5千克、母犊145.7千克,哺乳期日增重公犊1.09千克、母犊0.96千克。

6.适应性能

中国草原红牛适应性强,耐粗饲,夏季可完全依靠放牧饲养,冬季不补饲,仅靠采食枯草仍可维持生存。对严寒、酷热的耐力很强;抗病力强,发病率低,已成为我国肉牛繁育的良好配套系之一。

(三)夏南牛

夏南牛由南阳牛导入法国夏洛莱牛血液培育形成,含夏洛莱牛血液37.5%、南阳牛血液62.5%,由河南省畜牧局、河南省畜禽改良站、泌阳县畜牧局、泌阳县家畜改良站、驻马店市畜禽改良站、河南农业大学及郑州牧业高等专科学校等单位联合研究和培育,属于专门化肉用型培育品种。

1.品种培育

以中国地方良种南阳牛为母本,经导入杂交、横交固定和自群繁育三个阶段的开放式育种,历时21年培育而成。

夏南牛培育始于1986年,1988年立项进行杂交改良,1995年进行横交固定,1999年明确夏洛莱牛血液为37.5%的技术路线,按血统、外貌和体重三项指标并以体重为主进行严格选择,建立育种核心群进行自群繁育。2007年1月8日在原产地河南省泌阳县通过国家畜禽遗传资源委员会牛专业委员会品种审定,2007年5月15日在北京通过国家畜禽遗传资源委员会的审定。2007年6月16日农业部发布第878号公告,宣告中国第一个专门化肉牛品种——夏南牛诞生。

目前,泌阳县建有夏南牛研究中心,继续开展夏南牛研究和推广工作。夏南牛2011年被收录于《中国畜禽遗传资源志·牛志》。

2.产地分布

主产于河南省泌阳县,邻近县市(主要是驻马店市西部的附近县域)有分布。产区地处河南省南阳盆地东隅,属浅山丘陵区,总体格局是"五山一水四分田"。境内伏牛山与大别山两大山脉交汇,长江与淮河两大水系相分流,属亚热带与暖温带过渡地带,四季分明,雨量充沛,光照时数长,有霜期短。属暖温带大陆性季风气候,年平均气温15℃,无霜期219天,年降水量960毫米。县境地域宽广,土壤类型多样,土地肥沃,涵养丰富,既适应于种植一般农作物,又适宜种植特殊的经济作物,饲料资源丰富,是河南省养牛较为集中的地区之一。

3.外貌特征

夏南牛体形外貌一致。毛色为黄色,以浅黄色、米黄色居多。公牛头方正,额平直;母牛头清秀,额平稍长。公牛角呈锥状,水平向两侧延伸;母牛角细圆,致密光滑,稍向前倾。耳中等大小。颈粗壮、平直,肩峰不明显。成年牛结构匀称,体躯干呈长方形;胸深肋圆,背腰平直,尻部宽长,肉用特征明显;四肢粗壮,蹄质坚实,尾细长。母牛乳房发育良好。

4.生产性能

成年公牛体高(142.5±8.5)厘米,体重 850 千克左右;成年母牛体高(135.5±9.2)厘米,体重 600 千克左右。初生重公犊牛(38.5±6.1)千克、母犊牛(37.9±6.4)千克。在农户饲养条件下,公、母犊牛 6 月龄平均体重分别为(197.4±14.2)千克和(196.5±12.7)千克,平均日增重分别为 0.9 千克和 0.6 千克;周岁公、母牛平均体重分别为(299.0±14.3)千克和(292.4±26.5)千克,日增重分别达 0.6 千克和 0.5 千克。体重 350 千克的架子公牛经强化肥育 90 天,平均体重达 559.5 千克,平均日增重可达 1.9 千克。17~19 月龄的未育肥公牛屠宰率 60.1%,净肉率 48.8%,肌肉剪切力值 2.6,肉骨比 4.8:1,优质肉切块率 38.4%,高档牛肉率 14.4%。

5.繁殖性能

母牛初情期 432 天,发情周期 20 天,妊娠期 285 天。产后发情时间约 60 天。难产率 1.05%。

6.适应性能

夏南牛耐粗饲,适应性强,舍饲、放牧均可。耐寒冷,唯耐热性稍差,在黄淮流域及其以北的农区、半农半牧区都能饲养。

四 安徽省地方牛品种

(一)大别山牛

1.品种形成

大别山区养牛历史悠久,早在南北朝的北齐年间(550—577)已有用牛耕地的记载。1959 年湖北省对省内产区各县的黄牛进行调查,发现以黄陂县所产的牛体形较大,遂取名为黄陂黄牛,列为湖北省地方良种黄牛。1956 年和 1964 年安徽省先后两次对省内产区各县的黄牛进行调查,

因这些黄牛分布于大别山地区,故定名大别山牛。1982年全国牛品种志编写组会同鄂、皖两省有关地、县畜牧行政单位和科技人员经实地考察后,一致认为鄂、皖两省大别山地区的黄牛属同种异名,统定名为大别山牛。1988年大别山牛被收录于《中国牛品种志》,2011年被收录于《中国畜禽遗传资源志·牛志》。

2. 产地分布

大别山牛因原产地为大别山区而命名。大别山牛主产于大别山南麓,包括湖北省的黄陂、大悟、英山、罗田、红安、麻城和安徽省的金寨、岳西、六安、舒城、桐城、潜山、太湖、宿松等县(市)。

3. 外貌特征

大别山牛(图1-1)体格较矮小,骨骼细致,发育匀称。被毛为深浅不等的黄褐色,以棕黄色、枣红色居多,少数为黑色。皮肤较薄,有角、叉角或笋角。四肢强健,筋腱明显。公牛头方额宽,颈粗而短;母牛头部狭长而清秀,颈较薄长。但体形偏小,生长速度慢,具有耐粗饲、肉质细嫩、味道鲜美和皮张致密等优良特性。

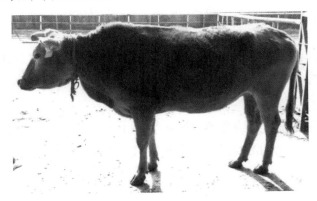

图1-1 大别山牛

4. 生产性能

大别山牛的初生公、母犊牛体重分别为(18.7±3.5)千克和(15.0±4.3)千克。哺乳期日增重较快,断奶后显著变慢。比较早熟,2岁母牛体重为成年牛的78.4%,体尺已接近成年。育肥条件下日增重0.75~1.0千克。屠宰率可以达到54%。大别山牛背肌鲜肉中蛋白质含量为22.05%,赖氨酸含量为3.28%。

5.繁殖性能

公牛 2 岁后用于配种,配种能力可维持 10 年以上。母牛 1~1.5 岁时出现明显的发情征候,发情持续 2~3 天,发情周期平均 23 天(17~32 天)。妊娠期平均 274.6 天(245~308 天)。母牛常年发情,发情配种旺期多为每年的 5—7 月份,占全年发情配种母牛头数的 81.4%。

6.产业现状

大别山牛在我国饲养历史悠久。目前,大别山牛的生产类型已完成由"役用"向"肉用"的转变。20 世纪 80 年代以来,安徽当地引进西门塔尔牛、安格斯牛和日本和牛等品种冷冻精液改良大别山牛,使其体格和产肉性能得到有效提高。

(二)皖南牛

1.品种形成

《徽州府志》有"歙县牛群昼夜放山谷中""自绩溪以往,牛羊之牧不收""绩溪、宁国向有养膘牛习惯"等记述,表明产区自古即养牛,养牛方式为放牧于山谷之中,日夜不收牧。产区也有围栏者,但仅在适宜地点围以牧栏并按时驱牛入栏过夜等简陋方式。有定期垫草和起圈习惯。长期的山区牧养使皖南牛形成了耐粗、耐热、耐湿等特点。2012 年在旌德县建设的皖南牛保种场通过国家验收。皖南牛 1988 年被收录于《中国牛品种志》,2011 年被收录于《中国畜禽遗传资源志·牛志》。

2.产地分布

皖南牛因产于安徽省南部而命名,属南方牛种、山地类型的地方品种。主要分布于安徽省内、长江以南的广大丘陵山区,重点产区为泾县、黟县、歙县、绩溪、旌德及祁门等县(市)。

3.外貌特征

皖南牛体形中等,体质结实匀称。按其外貌特征可分为粗糙和细致两种类型,以及介于两者之间的中间型。

(1)粗糙型

外貌粗糙,头较粗重,额宽平(也有微凹),颈稍短。垂皮发达,公牛肩峰较高,母牛稍具肩峰或有小突起。胸部较深,背腰平直,双脊背较多,后臀肌肉较丰满。尾细而长。四肢较短,后肢势类似水牛。被毛较粗糙。蹄

质甚坚实,耐水浸泡。毛色以褐色、灰褐色、黄褐色,深褐色、黑色等为多,且具背线;蹄多黑色。

(2)细致型

外形较细致清秀,头较狭长而轻,颈较细长而平,垂皮发达。公牛稍有肩峰,但较低,母牛肩峰不明显。毛色以橘黄色、黄红色为多。

4.生产性能

皖南牛成年公、母牛体高分别为 113.6~123.4 厘米和 107~121.1 厘米,体重分别为 301~371 千克和 234~301 千克。2 岁牛屠宰率 50%~55%,净肉率45%,肉质细嫩,风味良好。

5.繁殖性能

皖南牛性成熟早。母牛 5~6 月龄出现性特征,8~9 月龄开始发情,2 岁即能产犊,年产一犊。公牛 12 月龄即能配种。

6.产业现状

皖南牛是安徽省优良的地方畜禽品种之一,目前已完成由"役用"向"肉用"的转变。近年来,安徽当地引进日本和牛等品种冷冻精液改良皖南牛,使其体格和产肉性能得到有效提高。

(三)皖东牛

1.品种形成

2011 年春季,安徽省肉牛产业技术体系专家在江淮分水岭地区发现了未经命名的黄牛群体,并暂定命名皖东牛。2011 年 9 月 30 日,皖东牛通过安徽省畜禽遗传资源省级鉴定,2015 年 3 月 31 日,通过国家畜禽遗传资源委员会鉴定,正式命名为"皖东牛"。

2.产地分布

皖东牛主要分布在安徽省东部地区,包括滁州、蚌埠和合肥等市,中心产区位于凤阳、定远、明光、五河、来安等县(市)。

3.外貌特征

皖东牛体形中等偏大,躯干结实;毛色以黄色、深褐色为主,腹下四肢内侧毛色较浅,尾梢为黑色或黄褐色;深褐色个体夏季躯干部位毛色变浅;鼻镜多为黑褐色或肉色,偶有色斑,鼻孔周围为马蹄状白色,眼眶周围多为浅黄色,毛细短而密,富有光泽;头稍粗重;公母牛均有角,角向前上方伸展,且多数角尖呈弧状向内弯曲,长度中等、质地致密,角基灰白色,角尖黑褐色;胸部宽深,前胸较发达,背腰平直,腹大不下垂,尻部长度适中、较平直;四肢较细短,管骨细而结实;蹄质坚实,蹄壳多为黄褐色。

4.生产性能

在保种场及重点保护区内,公牛平均体高为 142.58 厘米,平均体重为650.49 千克;母牛的平均体高为 119.33 厘米,平均体重为 397.57 千克。

5.繁殖性能

母牛 1~1.5 岁性成熟,适配年龄 1.5~2 岁;母牛发情持续 1~2 天,发情周期平均21 天,妊娠期 280~290 天,平均 282 天。母牛常年发情,但冬季和夏季发情较少。公牛适配年龄 2~2.5 岁。

6.产业现状

皖东牛近 15~20 年来数量显著下降。20 世纪 90 年代,存栏量 10 余万头,但目前存栏不足 1 万头。随着农业和畜牧业产业结构调整,以及农业机械化的应用,近十几年来皖东牛由役用逐渐转向肉用。

▶ 第二节 肉牛杂交利用技术

一 杂交方式

(一)级进杂交

级进杂交是用优良的高产品种改良低产品种最常用的杂交方法。即利用高产品种的公牛与低产品种的母牛持续逐代进行交配(杂种后代都与同一品种的公牛进行交配),直至获得所需要的性能时为止;然后在杂种间选出优良的公牛与母牛进行自群繁育,直至育成新品种。

级进杂交是提高本地牛种生产力的一种最普遍、最有效的方法。当某一品种的生产性能不符合人们的生产、生活需要,需要彻底改变其生产性能时,就要采用级进杂交。

级进杂交应用于实际时需要注意三个问题：

①引入品种的选择，除考虑生产性能高、满足畜牧业发展需要外，要特别注意其对当地气候、饲养管理条件的适应性。因为随着级进代数的增高，适应性的问题会越来越突出。

②级进代数没有固定模式。随着级进代数的增加，杂种优势逐渐减弱并趋于回归，因此，实践中不必要求过高代数，一般级进2~3代即可。

③级进杂交中，要注意饲养管理条件的改善和选种选配的加强。随着杂交代数的增加，生产性能不断提高，要求饲养管理水平也要相应提高。

（二）育成杂交

育成杂交是用两个或两个以上品种杂交以培育新品种的杂交方式。目的在于使两个或两个以上品种牛各自具有的优良特性结合在一起，并使其巩固下来，从而创造出比原来亲本更为优异的品种。育成杂交可以扩大变异的范围，显示出多品种的杂交优势，并且还能创造出亲本不具备的新的有益性状，提高后代的生活力，增加体尺、体重，改进外形缺点，提高生产性能。

利用育成杂交培育肉牛新品种，需要很长的时间，一般包括杂交改良、横交固定、扩群提高三个阶段。我国利用育成杂交技术培育出草原红牛（短角牛×蒙古牛）、三河牛（西门塔尔牛×雅罗斯拉夫×霍尔莫戈尔牛×西伯利亚牛×蒙古牛）等优良品种。

（三）导入杂交

当一个牛种的生产性能基本满足要求，但只有个别性状仍存在缺点，这种缺点用本品种选育法又不易纠正时，可选择一个理想品种的公牛与需要改良某个缺点的一群母牛交配，以纠正其缺点，使牛群趋于理想，这种杂交方法称为导入杂交。我国一些黄牛品种，许多性状都很好，但存在尻部尖斜、后躯发育差的缺点，为保持原黄牛品种的优点，纠正存在的缺点，可引用一般性状良好，而且尻部宽、长、平且后躯发达的公牛品种进行导入杂交。

（四）经济杂交

经济杂交又叫生产性杂交，是采用不同品种间的公母牛交配以获得具有高度经济利用价值的杂种后代，主要目的是利用其杂种优势，增加商品牛数量,提高经济价值,满足市场需要。经济杂交在商品肉牛生产中被广泛采用。国外肉牛杂交研究表明,品种间杂交组合所产生的杂种后代,其产肉性能一般比纯种牛提高15%左右。经济杂交包括两品种杂交、两个以上不同品种之间的杂交、轮回杂交、轮回-终端公牛杂交体系等多种方法。

1.轮回杂交

轮回杂交是选用两个或两个以上品种的公牛,先用其中一个品种的公牛与本地母牛杂交,其杂种后代的母牛再与另一品种的公牛交配,以后继续交替使用与杂种母牛无亲缘关系的两个品种的公牛交配。各世代的杂种母牛除选留一部分优秀者用于繁殖外,其余母牛和全部公牛均供经济利用。轮回杂交利用了各世代的优良杂种母牛,并能在一定程度上保持和延续杂种优势。据研究,两个或三个品种轮回杂交,可分别使犊牛活重增加15%和19%。

2.终端公牛杂交体系

终端公牛杂交体系就是用B品种公牛与A品种母牛配种,将杂种一代母牛(BA)再用第三品种C公牛配种,所生杂种二代,不论公、母牛是否全部育肥出售,不再进一步杂交。此种杂交方法可使各品种的优点互补而获得较高的生产性能,有利于缩短世代间隔,加速改良进度,能得到最大限度的犊牛优势和67%的母牛优势。

3.轮回－终端公牛杂交体系

轮回-终端公牛杂交体系是轮回杂交和终端公牛杂交体系的结合,即在两个或三个品种轮回杂交的后代母牛中保留45%继续轮回杂交,作为更新母牛群之需;另5%的母牛用生长快、肉质好的品种公牛(终端公牛)配种,后代用于育肥,以期达到减少饲料消耗、生产更多牛肉的效果。采用两品种轮回的终端公牛杂交体系,犊牛平均体重可增加21%,三品种轮回的终端公牛杂交体系可提高24%。

二 杂交利用应注意的问题

根据我国多年来黄牛改良的实际情况及存在问题,为使杂交育种达到预期目的,采用杂交育种时应注意以下问题。

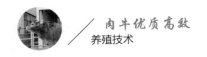
①为小型母牛选择配种的种公牛时,种公牛体重不宜太大,防止发生难产。一般要求种公牛不超过母牛体重的 30%~40%。大型品种公牛与中小型品种母牛杂交时,母牛不选初配者,而选经产母牛,以防止发生难产。

②防止改良过程中同一头公牛的冷冻精液在一个地区使用过久(3年以上),防止近交带来不良后果。

③在地方良种黄牛保种区内,严禁引入外来品种牛进行杂交。

④杂交要与合理的选配制度相结合,一定要选择配合力好的公母牛进行交配。

⑤对杂种牛的优劣评价要有科学态度,特别应注意营养水平对杂种小牛的影响。良种牛需要较高的日粮营养水平以及科学的饲养管理方法,才能取得良好的改良效果。

⑥对于我省总存栏数很少的本地黄牛品种,若引入外血或与外来品种牛杂交,应慎重,最多不要用超过成年母牛总数 1%~3%的牛只杂交,而且要严格管理。

▶ 第三节　肉牛引种技术

一 品种选择

肉牛产业的发展,选择合适的品种是成功的关键。《中国畜禽遗传资源志·牛志》(2011 年版)收录我国地方品种牛 54 个、培育品种牛 8 个和引进品种牛 18 个,如何从众多的品种中选择合适的品种就显得尤为重要。因此,从外地引进肉牛养殖时,应考虑以下几点。

(一)引种前要考虑生长环境适应性

肉牛养殖前,首先要充分了解本地的自然气候特点、饲草料资源状况等因素,引种牛原产地的气候、地形、植被等要与本地差异不大,以保证选择的品种能尽快适应所在地区的自然环境条件。建议就近引种。引进新培育的或从国外引进肉牛良种时,要认真查阅资料,听取各方面意见。如果本地条件适宜其生长,可先引进少部分试养,条件成熟后再大批量引进。

(二)引种要避免盲目性

随着经济的发展,市场对牛肉产品的需求越来越大。但由于市场调节,不同品种牛肉产品的价格在市场上会有所波动。因此,在引种前要做好市场调查,搞清所引进品种的市场潜力,以防止养殖失败。

(三)注意引种的季节

最适宜引种的季节是春季和秋季,因为这两个季节气候温暖,雨量相对较少,地面干燥,饲草丰富。冬季水冷草枯,缺草少料,引种牛经过长途运输,一方面要恢复体质,适应新环境;另一方面要面对冬季恶劣的气候,导致成活率较低,因此冬季不宜引种。夏季高温多雨,空气相对湿度大,运输时易发生中暑,因此夏季也不宜引种。此外,引进架子牛育肥时,要考虑出栏时间,如准备春节前出栏屠宰,计算好育肥时间,降低成本。

(四)注意疫病防控

引种前要先到引种地调查了解当地反刍动物疫病流行情况,严禁到疫区引种。对准备引进的牛只要进行严格的检验检疫,做到场地检疫证、运输检疫证和运载工具消毒证"三证"齐全。引进后,应在专门的隔离牛舍隔离饲养半个月以上,如未出现异常情况,方可混群饲养。

(五)引种要找信誉好的单位

引种前应亲自到多家供种单位考察其场区环境、管理条件、信誉状况及市场行情,切不可轻信网络上各种广告的超低价虚假宣传,以防上当受骗。建议引种时根据就近原则,选择附近的、规模较大的、信誉较好的单位,并要求供种单位签订协议,并提供发票等,以避免纠纷。种牛的引进应从具有种牛经营许可证的种牛场引进。

总之,引种是肉牛养殖的基础,也是牛场建设过程中投资较大的部分,应综合考虑各方面的问题,高度重视,避免因一个或几个小环节考虑不周而造成重大的经济损失。

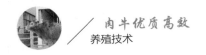
二 引种前的准备

(一)制订引种计划

引种前务必认真研究引种的必要性,明确引种的目的后,应根据自身引种条件制订引种计划。明确引进品种、从什么地区引进、引进数量、公母牛比例等具体内容,同时考虑落实选种时间、运输时间、饲草料等环节。

(二)准备隔离牛舍

引种前企业或养殖场除准备牛舍外,应在牛场生产区的下风口设置相对独立的隔离区,建设隔离牛舍。引进牛种后,隔离观察15~30天,经检查健康合格后,转入繁殖、育肥舍(严禁从疫区、存在高风险疫病的地区引种或购买牛只)。

(三)检查牛群健康状况

起运前15~30天,在原种场或隔离场进行检疫,并查看健康档案、预防接种记录及免疫标识,确保引种牛健康。犊牛和架子牛应从达到无公害产地认证和产品认证的牛场引进,应取得当地动物检疫部门动物产地检疫合格证。

(四)运输工具准备

运输车辆在装运前必须清洗、消毒,取得当地动物检疫部门发放的动物及动物产品运载工具消毒证明后方可装牛起运。运输车辆在使用后也要彻底消毒,运输途中,不能在疫区、城镇和集市停留、饮水、饲喂。

三 牛种选择

主要根据体形外貌来选择牛种,结合系谱考察生产性能,牛只应健康无病,个体体形外貌应符合品种标准。

(一)体形外貌

牛种的毛色、头形、角形和体形应符合相应的品种标准。选择的牛种体质要结实,膘情和体况良好,前胸宽深,背腰平直,肢势端正,两肢间距宽,蹄形正,蹄质结实,运步正常。公牛腹部不下垂,母牛乳房发育良好。

(二)年龄

通过查阅相关生产记录和系谱档案资料，了解所引进牛的年龄；没有记录可以查阅的，可通过查看牛的外貌、牙齿和角轮判断牛的年龄。一般 4~5 月龄乳门齿已全部长齐，钳齿和内中间乳齿稍微磨损。6 月龄外中间乳门齿磨损，有时乳隅齿边缘也有磨损。6~9 月龄乳门齿齿面继续磨损，磨损面扩大。10~12 月龄乳门齿齿冠整个舌面磨完。1 岁 2 个月内中间乳齿齿冠磨平。1 岁 3 个月至 1 岁 6 个月乳门齿显著变短，乳钳齿开始动摇，外中间乳齿和乳隅齿舌面已磨平。1.5~2 岁乳钳齿脱落，换生永久齿，俗称"对牙"。2.5~3 岁 乳内中间齿脱落，换生永久齿，并充分发育，俗称"四牙"。3~3.5 岁乳外中间齿脱落，换生永久齿，俗称"六牙"。乳外中间齿的更换，距乳内中间齿更换的时间很近，故称为"四六并扎"，这时，乳内中间齿舌面的珐琅质开始磨损。4~4.5 岁乳隅齿脱落，换生永久齿。一般根据不同的需要引进不同年龄段的牛种。

(三)健康状况

健康牛眼睛明亮有神，被毛光泽顺滑，食欲旺盛，呼吸、体温正常，四肢有力。病牛精神沉郁、呆立，食欲下降或废绝，呼吸急促，体温升高或降低等。

(四)个体选择

引入的牛种个体间不得有血缘关系，公牛应来自不同家系，以利于扩大遗传基础和以后的选配、选育工作。同时，要结合系谱档案详细了解个体的生长发育状况和遗传稳定性，有遗传缺陷的牛个体不得引入。

第二章　肉牛场的建设及粪污处理

▶ 第一节　肉牛场的选址与布局

　　肉牛场的选址和牛舍建筑,需要根据养殖数量和规划发展规模的大小、资金多少、机械化程度,结合交通和销售市场决定,同时,应符合我国《畜牧法》和《动物防疫法》等法律相关要求,达到畜牧兽医卫生和环境卫生标准,总体经济实用、便于管理和有利于提高利用率、降低生产成本。

一　肉牛场的选址

　　国土资源部最新制定的《全国土地分类》规定,养殖用地属于农业用地,其上建造养殖用房不属于改变土地用途的行为,占用基本农田以外的耕地从事养殖业不再按照建设用地或者临时用地进行审批。肉牛场的选址应与当地自然资源条件、气象因素、农田基本建设、交通规划、社会环境等相结合。

　　(一)地势

　　地势较高,平坦干燥,稍有坡度(最大不超过 2.5%),总的坡度应向南倾斜;背风向阳,空气流通,排水良好,防止被河水、洪水淹没;地下水位要在 2 米以下,最高地下水位需在青贮窖底部 0.5 米以下;山区地势变化大,面积小,坡度大,可结合当地实际情况而定。

　　(二)地形

　　开阔整齐,理想的是正方形或长方形,尽量避免狭长形和多边角。尽量不占用耕地,如果占用,需要遵循禁养区和环保政策等。

(三)水源

水量充足,未被污染,水质应符合畜禽饮用水水质(NY 5027—2008)卫生指标要求,并易于取用和防护,保证生活、生产、牛群及防火等用水。

(四)土质

土质应坚实,抗压性、透水性和导热性弱,无污染,较理想的是沙壤土,优于沙土和黏土。吸湿性强,雨水和尿液不易积聚,有利于牛舍和运动场的干燥和清洁,有效预防肢蹄病和疾病的发生。

(五)社会环境

四周幽静,无污染源。交通便利、水电充足、水质良好、饲料来源方便,牛场不能对居民区造成污染,场周围没有毁灭性的家畜传染病。应距主要交通道路(公路或铁路)500 米以上,距离城市工业区、铁路、机场、牲畜交易市场、屠宰场等 2 000 米以上,在居民点的下风口,离住宅区 1 000 米以上,牛场附近 1 500 米以内不应有超过 90 分贝噪声的工矿企业。

(六)饲料资源

周围饲料资源丰富,尤其是粗饲料资源。最好能有一定面积的饲料地,以解决青饲青贮所需。一般按每头成年牛 4 亩(1 亩≈666.67 平方米)计算。

(七)其他因素

①牛场大小可根据每头牛所需面积而定,牛舍及房舍的面积为场地面积的 10%~20%。

②合理地配置牛舍、房屋以及附属设施,间隔距离等均应遵守卫生防疫的要求,并应符合配备的建筑物和辅助设备以及牛场远景发展的需要。

③禁养区内不能建设养殖场。必须远离河流、饮用水源和村庄等。禁养区是指风景旅游区、自然保护区、国家重点文物保护区、饮水水源保护区、人口居住集聚区和政府规定的其他禁养区,政府规定的禁养区需要到当地乡镇政府咨询。

④山区牧场要考虑建在放牧出入方便的地方。

⑤牧道不要与公路、铁路、水源等相交叉,以避免污染水源和防止发生事故。

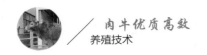

⑥不能在农田保护区内建设,不能破坏种植条件,不能破坏耕地的耕作层。

⑦规划布局必须达到环境影响评价要求,方能取得动物防疫条件合格证。

二 标准肉牛场布局

标准的肉牛场既要有利于肉牛的饲养管理,又要因地制宜,做到统筹兼顾,合理布局,肉牛舍的基础、墙壁、棚顶按一般简便民用建筑即可。根据肉牛场的用途,可将其划分为3个区,即生产区、经营管理区和无害化处理区,其中,生产区是牛场的主体,占地面积最大。

(一)生产区

生产区是肉牛场的核心,包括牛舍、料库房、饲料加工车间、青贮池、配种室及兽医室、干草大棚等,肉牛场建设按其用途划分,可以分为繁育场和育肥场两种类型,可根据实际情况增减。

牛舍应建在场内生产区中心,便于管理和缩短运输距离。建筑多栋牛舍,宜采取长轴平行配置,牛舍间距不小于10米,建造数栋牛舍,可并列配置,根据实际用途,可分为母牛舍、青年牛舍和育肥舍。配种室应临近母牛舍。

饲料贮存加工建筑物包括饲料库、青贮塔(壕)、草垛、饲料加工调制间。饲料库要位居牛舍中央,以便于取用饲料;青贮塔(壕)应建在牛舍附近,但又要有效地防止污水渗入;草垛应位于生产区的下风向,离房舍至少50米,以利于防火;饲料调制车间宜与饲料库相邻,但又要防止噪声对牛的不良影响。

粪场应远离生产区,设在生产区下风口、较低洼处。

(二)经营管理区

经营管理区是整个牛场的管理部门,负责生产指挥、生产资料供给、产品销售、对外联系、职工生活设施及管理等。经营管理区应建在地势较高地段,处在牛场的上风口,要与生产区隔开。外来人员只能在经营管理区内活动,未经允许不得进入生产区。

(三)无害化处理区

无害化处理区域包括化粪池、沼气池、堆粪棚和消毒池等。养牛产生的牛粪都是需要处理的,不仅是因为环保的要求,更是因为卫生防疫的需要。粪污处理区和隔离舍要设在生产区的下风口位置,较低洼处,在四周设置人工隔离屏障,防止疫病的传播和蔓延,并装备完善的废弃物无公害处理设施,与牛舍保持300米以上的距离。

▶ 第二节　肉牛舍的类型与环境控制

牛舍的建筑要求,首先要考虑气候因素,我国不同区域气候差异大,南方湿润炎热,对夏季的防暑降温要求高,而北方寒冷,防寒为主。其次考虑品种、年龄等因素。最后考虑建材,因地制宜、就地取材,尽量经济实用、压缩建造成本。此外,整体的规划布局要符合兽医卫生条件。

一 肉牛舍的类型

根据封闭情况,肉牛舍分为全开放(敞篷)式、半开放式和全封闭式。一般而言,北方气候寒冷,多采用半开放式和封闭式;南方湿度大,要求通风、防暑,多采用开放式和半开放式。

1.全开放(敞篷)式牛舍

全开放(敞篷)式牛舍四周无墙壁,仅用围栏围护牛舍,靠柱子或钢架支撑,有顶棚遮阳挡雨。结构简单、施工方便、造价低廉,采光、通风均好,保暖性差,在我国中部和北方等气候干燥地区应用效果较好。炎热潮湿的南方,无法防止辐射热,蚊蝇防治效果差。

2.半开放式牛舍

半开放式牛舍三面有墙,墙上可加装窗户,通风降温。向阳一面敞开,有部分或全部顶棚,在打开一侧设有围栏,水槽、料槽设在栏内或栏外。牛舍造价低,但冷冬防寒作用不佳,适用于我国南方地区。在冬季遇到极端寒冷天气时,可用篷布等遮蔽物将打开一侧包裹起来,关闭窗户,

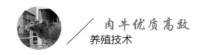

保持舍内温度。

塑料暖棚牛舍,属于半开放牛舍的一种,创意来自蔬菜大棚,是北方冰冷区域推出的一种较保温的半敞开牛舍,可根据现有牛舍结构,用塑料薄膜封闭敞开的部分,有造价低、场地选择灵活、容易扩大饲养规模等优点。凭借太阳热能和牛体本身发出热量,增加牛舍温度,封闭后能有效避免热量散失。塑料暖棚的扣棚时间应根据当地的气候条件而定,一般气温低于0℃时即可扣棚,时间为当年11月上旬至翌年的3月中下旬。适用于北方区域以及温度较低地区的牛场。

3.全封闭式牛舍

全封闭式牛舍四面均有墙和窗户,顶棚全部覆盖,冬季防寒保暖效果较好,建材用料多,造价成本相对较高,适合我国北方寒冷地区。一般坐北朝南,南面窗户大,利于采光采暖。北面窗户小,利于保暖。

①根据屋顶结构分,肉牛舍可分为单坡式、双坡式、钟楼式和半钟楼式。单坡式和双坡式构造简单,造价廉价(图2-1)(半)钟楼式结构相对复杂,天窗可以增加屋内的照度系数,有利于屋内空气对流,对防暑有很好的效果,但不利于冬季防寒保暖,一般适用于南方炎热地区。

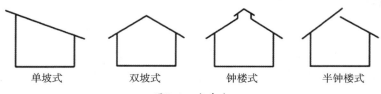

| 单坡式 | 双坡式 | 钟楼式 | 半钟楼式 |

图2-1　肉牛舍

②根据牛舍内牛的排列,可分为单列式和双列式。单列式牛舍,舍内设一排牛栏,舍宽6米,高2.6~2.8米,舍顶可修成平顶也可修成脊形顶,牛舍跨度小,易缔造,通风好,但散热面积相对较大,适用于小型肉牛场。双列式牛舍,舍内设有两排牛栏,采用对头式或对尾式饲养。舍宽12米,高2.7~2.9米,脊形棚顶,适用于规模较大的肉牛场。

（二）肉牛舍的内部结构

（一）牛床和地面

牛床是牛吃料、饮水和休息的地方,牛床的长度依牛体大小而异。一般的牛床设计是使牛前躯靠近料槽后壁，后肢接近牛床边缘，粪便能直接落入粪沟内即可。成年大型肉牛品种的牛床长 1.8~2.0 米，宽 1.1~1.3 米；本地肉牛品种可适当小些。牛床坡度以 1%~1.5% 为宜，前高后低，以利于冲刷和保持干燥。

地基要有足够的强度和稳定性，深 80~100 厘米。地面要求紧密结实，不硬不滑，温暖有弹性，易清洗和消毒。多数采用水泥地，夏季有利于散热，但冬季保温性能差，且对肢蹄和母牛乳房不利。最好以三合土为地面，既保温又护蹄。

(二)墙面

要求坚固结实、抗震、防水、防火，有良好的保温和隔热性能，便于清洗和消毒。多采用砖墙，厚度 25~50 厘米。农村也可以用土墙，但不耐用，最好砌 1 米左右高的石块加以巩固。

(三)顶棚和屋檐

具备防水、防风、保温隔热、材质轻且坚固的要求。顶棚脊距离地面 4~5 米，屋檐距地面 3.5 米左右。屋檐和顶棚不宜过高或过低，过高不利于保温，过低则影响舍内光照和通风，可根据当地具体情况而定。

(四)饲槽

建成固定式的、活动式的均可。水泥槽、铁槽、木槽均可用作牛的饲槽。饲槽上口宽 60~80 厘米，下底宽 35~45 厘米，底内侧设计成弧形，有利于采食干净。近牛侧槽高 40~50 厘米，远牛侧槽高 70~80 厘米。在饲槽后设栏杆，用于拴牛。

(五)饲料通道

饲料通道设置在饲槽前，以高出地面 10 厘米为宜，一般宽 1.5~2.0 米，便于机械操作。

(六)粪尿沟和污水池

粪尿沟应不透水，表面光滑，便于清洁和打扫。宽 28~30 厘米，深 5~10 厘米，平行于牛舍长轴，坡度 1%~5%，通到舍外污水池。

污水池应距牛舍 5~10 米，容积根据牛舍最大承载头数而定，成年牛 0.3 米^3/头，犊牛 0.1 米^3/头，以能蓄满一个月粪尿为宜，每月清除 1 次。粪便需要每天清运到专门的堆粪棚。

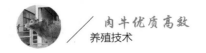
(七)其他配套设施

1.运动场

饲养种牛、犊牛的舍,应设运动场。运动场多设在两舍间的空余地带,四周用栅栏围起,将牛拴系或散放其内。成年牛应占的面积为 15~20 米²,育成牛 10~15 米²,犊牛 5~10 米²。

运动场的地面以三合土浇筑为宜,可减少肉牛肢蹄病的发生率,并在场内一侧设置补饲槽和水槽,数量充足、布局合理,以免牛争食、争饮、顶撞。

2.绿化

牛舍周边应有场区林带、场区隔离带、道路绿化以及运动场遮阴林带建设。道路两旁和牛场各建筑物四周应绿化,种植树木,夏季可以遮阴,调节场区小气候,减少空气中尘埃和微生物,减弱噪声等作用。

3.雨污分离

用不同管道将雨水和污水分开排放。道路和运动场周边,采用斜坡式排水沟。雨水可以通过雨水管网直接排到河道,污水需要通过污水管网收集处理,水质达标后再排到河道里,防止河水被污染。

三 肉牛舍的环境控制

牛舍内应易通风干燥,冬季保温,夏季凉爽。温度控制在 5~20℃,湿度50%~70%。保证一定的透光性,太阳光线可直射。地面保温、不渗水、防滑,粪尿等污水及时排净,牛舍内空气质量达标,控制有毒有害气体的含量(二氧化碳、氨气等),同时要有一定流速。寒冷季节里,要求气流速度在 0.1~0.2 米/秒,不超过 0.25 米/秒,具体的环境质量要求可参考《NY/T 388—1999 畜禽场环境质量标准》。牛舍环境的优劣直接影响肉牛个体生长和育肥效果。(表 2-1)

表 2-1 根据《NY/T 388-1999 畜禽场环境质量标准》环境质量要求

温度/℃	10~15	细菌/(个/米³)	20 000
相对湿度/%	80	噪声/分贝	75
风速/(米/秒)	1	粪便含水率/%	65~75
照度/勒克斯	50	粪便清理	干法日清粪
二氧化碳/(毫克/米³)	1 500	可吸入颗粒 PM10/(毫克/米³)	2
氨气/(毫克/米³)	20	总悬浮颗粒物 TSP(直径≤100 微米)/(毫克/米³)	4
硫化氢/(毫克/米³)	8	恶臭(稀释倍数)[①]	70

备注：①指用无臭空气进行稀释，稀释到刚好无臭时所需的稀释倍数。

(一)环境

1.温度和湿度

气温对牛机体的影响最大，主要影响牛体健康及其生产力。环境温度在 5~21℃时，牛的增重最快。温度过高，肉牛采食量降低，增重缓慢；温度过低，降低饲料消化率，同时又提高代谢率，以增加产热量来维持体温，显著增加饲料消耗。因此，夏季要做好防暑降温工作，冬季要注意防寒保暖，提供适宜的环境温度。

空气湿度对牛体机能的影响，主要通过水分蒸发影响牛体散热，干扰牛体调节。空气湿度以 55%~80%为宜。在一般温度环境中，空气中湿度对牛体的调节没有影响，但在高温和低温环境中，湿度高低对牛体热调节产生作用。湿度越大，体温调节范围越小。高温高湿会导致牛的体表水分蒸发受阻，体热散发受阻，体温很快上升，机体机能失调，呼吸困难，甚至致死。低温高湿会增加牛体热散发，使体温下降，生长发育受阻，饲料报酬率降低。另外，高湿环境容易滋生各类病原微生物和各种寄生虫。
（表 2-2）

2.气流

气流（又称风）通过对流作用，使牛体散发热量。牛体周围的冷热空气不断对流，带走牛体所散发的热量，起到降温作用。一般来说，风速越大，降温效果越明显。寒冷季节，若受大风侵袭，会加重低温效应，使肉牛的抗病力减弱，尤其对于犊牛，易患呼吸道、消化道疾病，如肺炎、肠炎

表 2－2　牛舍保温和湿度要求

牛的类群	适宜温度/℃	最低温度/℃	相对湿度/%
肥育公牛	6	3	≤85
繁殖母牛	8	6	≤85
哺乳犊牛	12	7	≤75
青年牛	8	3	≤85
产房牛	12	10	≤75
治疗牛	15	12	≤75

等,因而对肉牛的生长发育有不利影响。炎热季节,加强通风换气,有助于防暑降温,并排出牛舍中的有害气体,改善牛舍环境卫生状况,有利于肉牛增重和提高饲料转化率。

3.光照(日照、光辐射)

阳光中的紫外线在太阳辐射总能量中占 50%,其对动物起的作用是热效应,即照射部位因受热而温度升高。冬季牛体受日光照射有利于防寒,对牛的健康有好处。此外,阳光中的紫外线可使牛体皮肤中的 7-脱氢胆固醇转化为维生素 D_3,促进牛体对钙的吸收。紫外线具有强力杀菌作用,从而具有消毒效应。紫外线使畜体血液中的红、白细胞数量增加。因此,适当的光照可提高机体的抗病能力。但紫外线过强照射也有害于牛的健康,尤其在夏季高温下受日光照射会使牛体体温升高,导致日射病(中暑),所以夏季应采取遮阴措施,加强防护。

4.空气质量

新鲜的空气是促进肉牛新陈代谢的必需条件,并可减少疾病的传播。空气中浮游的灰尘和水滴是微生物附着和生存的好地方。为防止疾病的传播,牛舍一定要避免粉尘飞扬,保持圈舍通风换气良好,尽量减少空气中的灰尘。

在敞棚、开放式或半开放式牛舍中,空气流动性大,所以牛舍中的空气成分与大气差异很小。而封闭式牛舍,如设计不当或使用管理不善,会由于牛的呼吸、排泄物的腐败分解,使空气中的氨气、硫化氢、二氧化碳等增多,影响肉牛生产力。

5.噪声

肉牛在较强噪声环境中生长发育缓慢,繁殖性能不良。一般要求牛舍的噪声水平白天不超过 90 分贝,夜间不超过 50 分贝。

(二)肉牛舍的环境控制

1.温度控制

夏季,肉牛抵抗高温的能力比较差,所以为了消除或缓和高温对牛的有害影响,必须做好牛舍的防暑、降温工作。实际中,一般从保护牛免受太阳辐射(遮阴)、增强牛的传导散热(与冷物体表面接触)、对流散热(充分利用天然气流和借强制通风)和蒸发散热(通过淋浴、水浴和向牛体喷淋水等)等办法来加以解决。

冬季要防寒保暖。牛舍里的屋顶和天棚面积大,热空气上升,热能易散失。因此,屋顶天棚结构要严密,不透气,天棚铺设保温层、锯木灰等,也可采用隔热性能好的合成材料,如聚氨酯板、玻璃棉等。墙体要求隔热、防潮,寒冷地区选择导热系数较小的材料,如选用空心砖(外抹灰)、铝箔波形纸板等作为墙体。牛舍朝向,长轴呈东西方向配置,北墙不设门,墙上设双层窗,冬季加塑料薄膜、草帘等。寒冷地区的石板、水泥地面作牛床时应铺垫草、厩草、木板。寒冷季节适当加大牛的饲养密度,依靠牛体散发热量相互取暖。勤换垫草,及时清除牛舍内的粪便,防止贼风。

2.湿度和有害气体控制

牛舍内的湿度过高和有害气体超标是构成牛舍环境危害的重要因素,主要来源于牛体排泄物的水分、呼出的二氧化碳、水蒸气和舍内污物产生的氨气、硫化氢、二氧化硫等有害气体。采用通风换气排放水分和有害气体,引进新鲜空气,使牛舍内的空气质量得到改善。牛舍可设地脚窗、屋顶天窗、通风管等方法来加强通风。在舍外有风时,地脚窗可加强对流通风,形成"穿堂风"和"街地风",可对牛起到有效的防暑作用。

3.牛场的绿化

绿化可以美化环境,改善牛场的小气候。盛夏时节,强烈的直射日光和高温不仅使牛的生产能力降低,而且容易发生中暑。有绿化的牛场,场内树木可起到良好的遮阴作用。当温度高时,植物茎叶表面水分的蒸发,吸收空气中大量的热,使局部温度降低,同时提高了空气中的湿度,使牛感觉更舒适。树干、树叶还能阻挡风沙的侵袭,对空气中携带的病原微生

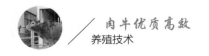

物具有过滤作用,有利于防止疾病的传播。绿化常用的乔木品种有大青杨、洋槐、垂柳等,灌木可选用紫穗槐、刺玫、丁香等,空闲地带还可种一些草坪和牧草,如紫羊茅、三叶草、苜蓿草等。

▶ 第三节 规模化牛场粪污处理及利用

据统计,我国畜禽粪污年生产量约 38 亿吨,400 千克左右的肉牛粪便和尿液分别可达 12 千克/天和 9 千克/天。《畜禽粪污资源化利用行动方案(2017—2020 年)》中具体要求,禽畜粪污循环使用率要超过 90%,基础设施配备也要达到 100%。肉牛生产过程中,会产生"农业三废",即废水、废渣和废气(恶臭气体)。养殖规模越大,环境压力越大,粪污和臭气不仅会影响养殖场自身,也会殃及附近居民的生活环境。因此,牛场的粪污处理要引起足够的重视,不能随意弃置到土壤和河流。可以通过种养结合,发展农牧循环经济,实现资源化处理和利用,这也是肉牛场健康可持续发展的最佳选择。

国务院在 2017 年发布文件《关于加快推进禽畜养殖废弃物资源化利用的意见》明确指出了"源头减排,过程控制,末端利用"的原则,为粪污处理指明了方向。目前,我国现有的粪污处理一般进行分类处理,大体可分为固体粪污发酵处理利用和液体粪污无害化处理后正常排放两种。其中,固体牛粪进行无害化处理再利用创造效益,液体粪水经过沉淀、净化等处理后达到可排放标准再进行排放。《GB 189596—2001 畜禽养殖业污染物排放标准》中规定了集约化畜禽养殖场和养殖区污染物的排放要求。但目前的粪污处理技术仍不完善,处理成本也很高,且处理后预期效果仍有较大的进步空间。(表 2-3)

表 2－3　《GB 189596－2001 畜禽养殖业污染物排放标准》中规定的
养殖场污染物排放要求

污染物	控制项目		标准值
废水	日最大允许排放量(干清粪)/[米³/(百头·天)]	冬季	17
		夏季	20
	五日生化需氧量/(毫克/升)		150
	化学需氧量/(毫克/升)		400
	悬浮物/(毫克/升)		200
	氨氮/(毫克/升)		80
	总磷/(毫克/升)		8
	粪大肠菌落数/(个/100 毫升)		1 000
	蛔虫卵/(个/L)		2
废渣	蛔虫卵死亡率/%		$\geqslant 95\%$
	粪大肠杆菌菌群数/(个/千克)		$\leqslant 10^5$
废气(臭气)	臭气稀释倍数		70

一　牛粪的处理和利用

　　牛粪的清除,通常有干清粪和水冲清粪两种方式。由于水冲清粪耗水量多,粪水贮存量大,处理困难,易造成环境污染,故大多采用干清粪的处理模式,使粪便与垫料混合或粪尿分离,呈半干状态,方便清运。通过干清粪,粪与尿液、生产污水分离,液形物经排水系统流入粪水池贮存,而固形物则借助人或机械工具如人力小推车、地上轨道车、单轨吊罐、牵引刮板、电动或机动铲车等运至堆粪棚。

　　牛粪中含有丰富的有机物和作物所需要的营养元素,其中氮约0.4%,磷约 0.1%,钾约 0.23%,是优质的有机肥源。适量使用可以改善土壤结构,增加土壤有机质,提高作物产量,但牛粪中的氮和磷可通过渗漏或水流进入地表或地下水体,不合理的使用会导致水生植物和藻类增生,造成地表水体富营养化,地下水质参数超标,影响水源卫生。其次,牛粪中含有一定的药物和重金属残留,可在土壤-水-植物中积累转化,最终通过食物链对人体造成威胁。此外,牛粪中还会有很多细菌、病毒和寄生

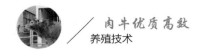

虫等病原微生物。因此必须先对粪便进行无害化处理,且达到相应的检测标准后再加以利用,不能直接还田。

(一)自然堆肥

将固液分离后的固体牛粪进行堆积,在自然条件下,堆肥需要温度50℃以上维持5~10天,利用微生物来分解粪中的有机成分,结束后无恶臭,有湿润的土腥味,堆肥从浅褐色变为黑褐色。在干清粪的方式下,堆粪棚的规划可按1米³/头计算。发酵可形成高温环境,可以灭杀大部分有害病菌,堆肥后农用降低农田施肥成本,也可作为牛床垫料。简单,投资成本低,操作方便,但堆肥发酵周期长,占地面积大,粪水难以完全分离,容易产生有害气体和臭气,而且受天气影响,容易发酵不完全。实际应用上需要进一步提高堆肥的效果(如添加堆肥填充物,如秸秆、蘑菇渣等)和缩短堆肥周期(额外接种外源微生物等)。

需要注意的是,肥料还田需要以生产需要为基础,以地定产、以产定肥。耕地土壤的施肥,氮肥不高于150千克/公顷,磷肥不高于30千克/公顷,耕地可承载的畜禽粪便为30吨/公顷。

(二)沼气池发酵

利用厌氧菌(主要是甲烷菌)对牛粪的有机物进行厌氧发酵产生沼气。沼气是有机物经微生物厌氧消化而产生的可燃性气体,它是多种气体的混合物,一般含甲烷50%~70%,其余为二氧化碳和少量的氮气、氢气和硫化氢等,其特性与天然气相似。沼气生产过程中,厌氧发酵可以杀死病原微生物和寄生虫虫卵,发酵出的沼气可用作廉价的燃料,沼液可以用作肥料、农药等用途。但沼气池建设成本及投资成本高,有安全隐患,普遍存在调试启动慢、运行不稳定、易出现酸化、不产气或产气率低等问题。例如,沼气发酵受温度影响大,夏季温度高,产气率高;在温度低的冬季,产气慢且效率低。特别是在北方寒冷地方,冬季粪污处理效果差。这些问题在一定程度上制约了沼气发酵在牛粪处理中的应用。

(三)蚯蚓养殖

将牛粪进行半发酵,除去牛粪中刺激性的氨味,可以用来养殖蚯蚓,增加收入。但养殖蚯蚓所需牛粪数量不多,大规模牛场的牛粪并不能完全应用,还需要用其他手段配合处理固体牛粪。

二　污水的处理

畜禽养殖污水处理首先要做固液分离，对分离的固体部分进行干清粪处理，分离出的液体再通过污水处理技术进行处理。污水中含有许多腐败的有机物、病原微生物和寄生虫虫卵，若不妥善处理，则会污染土壤、水资源，传播疾病。污水处理需要遵循"源头减排"的原则，既减少了对环境的污染，节约用水开支，又有利于疫病防治。

（一）污水处理设施设备

首先要倡导干清粪模式，少用或不用水（尿）泡粪模式，不用或少用水冲粪。其次，牛舍的设计、建造及其所有设施设备的安装使用必须充分考虑雨污分流，做到雨水（含饮水）等未被污染的水收集集中走明沟（渠）进入净水收集池以便二次利用。所有的污染物（最好一经产生即固液分开）走暗沟（渠）和地下粪道分别进入场内液污池、堆粪棚，互不交叉混合。建议养殖场内所有的暗沟、地下粪道、液污池、堆粪棚等必须防雨、防渗、防漏，液污池和堆粪棚的四周边沿至少高出地平面80~100厘米。此外，也要注意要淘汰落后的饮水方式与饮水设备（如槽式饮水），减少牛饮水过程中的漏水与戏水。

（二）污水处理方法

污水处理方法可分为物理法、化学法和生物法，包括机械分离、沉淀、生物过滤、氧化分解等。处理程度按两级处理。一级处理为预处理，是应用物理法从污水中除去呈悬浮状态的固体污染物，去除率70%~80%，使污水初步得到净化。二级处理是生化处理，是通过微生物的代谢作用，使污水中微细悬浮状态的有机物转化为稳定的无害物质，例如，将沉淀分离固体的污水流入水生植物如水葫芦、绿萍等养殖池，通过生物处理法，使污水中的养料被水生植物利用。经过两级处理的污水，一般能除去90%~95%的固体悬浮物、90%左右可降解的有机污染物，能大大改善水质，处理的污水得到净化后，可排入鱼池，或排放或循环使用。

第三章

肉牛饲养管理

▶ 第一节 牛的生物学特性

牛是大型反刍动物,其生态分布遍及世界各地,是当前人类饲养的主要家畜之一。在漫长的进化过程中,由于适应各地的自然环境条件,经过长期的自然选择和人工选择,逐渐形成了不同于其他动物的生活习性和特点。只有掌握牛的这些特殊的习性和特点,进行科学的饲养管理,才能达到提高生产性能和经济效益的目的。

一 牛的生活习性

(一)群居行为

牛是群居动物,具有合群行为,放牧时喜欢 3~5 头结群活动。舍饲时仅有 2%单独散卧,40%以上 3~5 头结群卧地。牛群经过争斗会建立优势序列,优势者在各方面都占有优先地位。因此,放牧时,牛群不宜太大,一般以 70 头以下为宜,否则影响牛的辨识能力,增加争斗次数,同时影响牛的采食。分群时应考虑到牛的年龄、健康状况和生理状态,以便于进行统一的饲养管理。

根据牛的群居性,舍饲牛应有一定的运动场面积,面积太小,容易发生争斗。一般每头成年牛的运动场面积应为 15~30 米²。驱赶牛转移时,单个牛不易驱赶,小群牛驱赶则较单个牛容易,而且群体性强,不易离散。

(二)放牧行为

放牧行为即放牧吃草行为。牛在放牧时主要活动是吃草。牛的放牧吃草活动是有一定规律的,但也会受到季节变化的影响。牛一天用于吃草的累计时间为 8~9 小时,每次连续吃草的时间为 0.5~2 小时,牛吃草活动最活跃的两个时间是黎明和黄昏。一昼夜吃草 6~8 次,其中白天占 65%,夜间占 35%。放牧行为受草场面积的影响,通常是面积越大,牛行走的距离越远,一般每天行走 3~6 千米,花费 2 小时。在热天、风天时,行走距离延长,在老放牧地行走的距离要比在新放牧地远一倍。另外,放牧的牛群,每头牛大体上都在同一时间吃草、休息或反刍。

(三)母性行为

母性行为的表现是母牛能哺育、保护和带领犊牛,这种行为以生单胎的母牛要比生双胎的母牛反应性强些。初胎母牛的保姆性常不成熟,但经产牛较强。而当两只双胞胎犊牛分开时,这种反应会加强。母牛在产犊后 2 小时左右即与犊牛建立牢固的相互联系。母子相识,除通过互相认识外貌外,更重要的是气味,其次是叫声。母牛识别犊牛是在舔初生犊牛被毛上的胎水时开始的,当犊牛站立吸吮母乳,尾巴摆动,母牛回头嗅犊牛的尾巴和臀部时,进一步巩固对亲犊的记忆,发挥保姆性,保护亲犊吮乳,拒绝非亲犊吮乳。犊牛认识母亲,主要通过吮乳时对母亲气味的记忆,以及吮乳过程中母牛轻柔的叫声与舔嗅行为。经 1~2 小时的相处,犊牛即能从众多母牛中凭声音准确找到母亲。人工哺乳的犊牛也可以此认出犊牛饲养员,使以后成长为成年牛时仍对人温顺,较之随母牛哺乳成长的牛,更易接受乳房按摩和人工榨乳等活动。

(四)性行为

公牛的求偶行为表现为驱使母牛向前移动,并对所追逐的母牛表现出以头贴近母牛尾站立的"守护"行为。如见有其他公牛靠近,便表现出用前蹄刨地、低头弯颈、扩张鼻孔、嘴粗气或发出吼叫声等威吓性行为。公牛的交配动作非常迅速,由爬跨交配后跳下,总共只有数秒钟。射精时的骨盆推进动作只有一次,因此在采精操作时,要求技术动作熟练、准确。

母牛发情全过程可分为互嗅阶段(发情牛嗅其他牛,也叫对头阶段)、尾随阶段(发情母牛在前面走,后面追随着一头以上的其他牛)、爬跨阶段(发情母牛接受无论何种性别牛的爬跨,也叫发情盛期),以后退回到尾随、互嗅阶段,然后发情终止。

适于配种的发情母牛的反应是站立不动的姿势,称为站立发情。这种姿势易于公牛爬跨交配并对公牛产生性刺激,母牛发情行为的主要特征是接受公牛的求偶和交配活动。发情母牛的主要行为表现是:兴奋不安,食欲减退,反刍时间减少或停止,对周围环境的敏感性提高,哞叫和趋向公牛。在没有公牛存在时,嗅闻其他母牛的外阴,追随爬跨或接受其他母牛的爬跨,弓腰举尾,频频排尿。发情母牛外生殖器充血,肿胀,流出牵缕性黏液,并附着于尾根、阴门附近而形成结痂。被爬跨母牛若发情,则站立不动,举尾;如不是发情牛则拱背逃走。据统计,在被爬跨的母牛中有90%是发情母牛,而在爬跨的牛中只有79%是发情母牛。所以,要在互相爬跨的母牛中找出真正处于发情期的母牛,只有根据其"站立反应"来进行准确鉴别。

二 牛的生态适应性

(一)地域适应性

世界上的多数黄牛品种主要分布于温带和亚热带地区。我国的黄牛品种繁多,广泛分布于全国各地,其特点是北方黄牛个体较大,耐寒不耐热;南方黄牛个体小,皮薄毛稀,耐热耐潮湿,而耐寒能力较差。

(二)环境温湿度适应性

一般牛的耐寒能力较强,而耐热能力较差。在高温条件下,牛主要通过出汗和热性喘息调节。一般当外界环境温度超过30℃时,牛的直肠温度开始升高,当体温升高至40℃时,往往出现热性喘息。在适当的环境温度范围内,动物的代谢强度和产热量可保持在生理的最低水平而体温仍能维持恒定,这种环境温度称为动物的等热范围或代谢稳定区。从畜牧生产来看,外界温度在等热范围内饲养家畜最为适宜,在经济上也最为有利。因为过低的气温,机体将提高代谢强度,增加产热量才能维持体温,因而增加饲料的消耗;反之,过高的气温也会降低动物的生产性能。

普通牛在高温条件下,如果空气湿度升高,会阻碍牛体的蒸发散热过程,加剧热应激;在低温环境下,如湿度较高,牛体的散热量加大,使机体能量消耗相应增加。空气相对湿度以50%~70%为宜,适宜的环境湿度有利于牛发挥其生产潜力。夏季相对湿度超过 75%时，牛的生产性能明显下降。因此，牛对环境湿度的适应性，主要取决于环境的温度。夏季的高温、高湿环境还容易使牛中暑，特别是产前、产后母牛更容易发生。所以在我国南方的高温高湿地区应对产奶牛进行配种、产犊时间调节，以避开高温季节产犊。

(三)抗病力和死亡率

牛的抗病力或对疾病的敏感性取决于不同品种、不同个体的先天免疫特性和生理状况。牛病的发生直接受多种环境因素的影响，而这些因素对本地牛和外来牛种的影响是不同的。研究表明，外来品种牛容易发生的普通病多为消化和呼吸性疾病。外来品种牛比本地品种牛对环境的应激更为敏感，所以，外来品种牛比本地品种牛的死亡率高。有些本地品种牛虽然生产性能差，但具有适应性强、耐粗饲、适应本地气候条件和饲料条件的优点。因此，保护本地牛种质资源，用于杂交改良非常重要。

三　牛的消化特点

(一)消化器官特点

牛作为反刍动物，具有庞大的复胃或称四室胃，包括瘤胃、网胃、瓣胃和真胃，其中的前三室合称为前胃。前胃的黏膜没有胃腺，只有第四室即皱胃，具有胃腺，能分泌胃液。牛消化系统的结构和消化生理功能与单胃动物相比有很大差别，具有较强的采食、消化、吸收和利用多种粗饲料的能力。

(二)反刍特点

牛在摄食时，饲料一般不经充分咀嚼，就匆匆吞咽进入瘤胃，通常在休息时返回到口腔再仔细地咀嚼，这种独特的消化活动称为反刍。反刍可分四个阶段，即逆呕(食物自胃返回口腔的过程)、再咀嚼、再混合唾液和再吞咽。一般饲喂后经 0.5~1.0 小时开始出现反刍，每一次反刍的持续时间平均为 40~50 分钟，然后间歇一段时间再开始第二次反刍。这样，一昼夜进行 6~8 次反刍，而犊牛的次数则更多。牛每天反刍的时间累计起来有 6~8 小时。犊牛出生后，逐渐开始采食草料，到 3~6 周龄时，瘤胃内开始出现正常的微生物活动并逐渐开始反刍，随着瘤胃内微生物的生长

发育，到 3~4 月龄时开始正常反刍，6 月龄时基本建立完全的复胃消化功能。

(三)瘤胃微生物消化特点

瘤胃是反刍动物特有的消化器官，它不能分泌消化液，消化功能主要通过瘤胃内大量的微生物区系活动来实现。瘤胃内微生物主要有细菌纤毛虫和细菌等。1 克瘤胃内容物中，含 150 亿~250 亿个细菌和 60 万~180 万个纤毛虫，总体积约占瘤胃内容物的 3.6%，其中细菌和纤毛虫约各占一半。瘤胃内大量生存的微生物随食糜进入真胃被胃酸杀死而解体，被消化液分解后，可为牛提供大量的优质单细胞蛋白质营养。不同来源、不同种类的饲料，消化所需要的微生物区系不同，改变牛的饲喂日粮时瘤胃微生物区系也会发生变化。因此，在牛日常管理中应保持日粮及其组成的相对恒定，更换日粮应逐步过渡，突然变换日粮易引起消化道疾病。瘤胃和网胃内可消化饲料中含 70%~85% 的可消化干物质和约 50% 的粗纤维。

瘤胃微生物可以充分利用植物性蛋白质和非蛋白氮合成微生物蛋白质(菌体蛋白)，菌体蛋白具有比例协调、组成稳定、生物学利用价值高等特点。同时，瘤胃微生物可以合成 B 族维生素和维生素 K，一般可以满足牛的生理需要。幼龄犊牛，由于瘤胃还没有完全发育，微生物区系还没有完全建立，有可能患 B 族维生素缺乏症。成年牛如日粮中钴的含量不足时，瘤胃微生物不能合成足量的维生素 B_{12}，牛会出现食欲降低，犊牛生长发育不良。

▶ 第二节　肉牛场日常管理关键点

一　编号(数据库档案)

为了科学地管理牛群，需对牛只进行编号，常用耳标法，用以记载牛的个体号、出生年月及牛场号等。牛的耳标一般戴在左耳上。用打耳钳打耳孔时，应在靠耳根软骨部，避开血管，先用碘酒在打耳处消毒，然后再打孔。如打孔后出血，可用碘酒消毒，以防感染。牛只编号以后，应对其进行登记，并做好记录。要准确记录其父母编号、出生日期、编号、初生重、断奶体重等基本信息，并填写在相应的登记表格上，有条件的应录入电脑存档。

二 驱赶

牛场日常管理中为测定生产性能、接种疫苗等，通常会对牛进行驱赶。目前大部分牛场会建设专门的赶牛通道，通道通常由不锈钢管焊接而成，终点有固定架等设备，待测定完或注射疫苗后通过闸门回到牛舍内。日常驱赶牛只时，要动作轻缓，切忌暴力对待。

三 去角

对有角牛品种来说，去角是肉牛养殖中非常重要的管理措施，可以防止牛只相互争斗时致伤，常用化学去角法和电烙铁烧烙法。化学去角法：犊牛 10 日龄前在角基周围涂上一圈凡士林，然后用镊子夹着棒状苛性钠或苛性钾，在角基上摩擦，直到表皮脱落，角基原点破坏，并微有出血为止。摩擦时要注意时间不能太长，位置要准确，摩擦面与角基范围大小相同，术后敷上消炎止血粉。电烙铁烧烙法：犊牛在 30 日龄左右进行。先将电去角器通电预热，然后将犊牛保定好，把电去角器套于牛角上，边施压边旋转，将角烙掉，直到角基周围皮肤呈古铜色为止，不流血。

四 去势

在进行育肥生产时，为提高育肥效率，通常会对公牛进行去势。去势后的公牛性情温顺，管理方便，容易育肥。去势最好在 4~5 月龄进行。选择在晴天进行，尽量避免在炎热的夏天、寒冷的冬天和阴雨天，以防影响伤口的愈合而导致感染化脓。去势时间过早或过晚均不好，过早睾丸小，去势困难；过晚流血过多，或已发生早配现象。去势方法主要有有血去势和无血去势，生产上常用有血去势。去势术后一周内要给予安静的恢复环境，精细饲养，提供清洁饮水，及时对圈舍内的粪污进行处理，防止牛

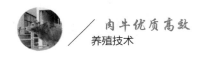
在趴卧的过程中粪污沾染伤口,引起发炎。一般手术后两周左右即可痊愈,而后阴囊皱缩,伤口结痂、掉落。

五 修蹄

修蹄是牛场日常管理的重要一环,尤其对种牛而言。种牛由于使用时间长、运动量大,加上蹄壳生长较快,如不整修,容易造成畸形,导致行走困难,从而影响其生产性能。一般种牛应半年左右修蹄1次。种公牛的修蹄更为重要,因为蹄不好会影响运动,从而引起精液量减少、精液品质下降。修蹄最好用专用的修蹄刀、修蹄剪或者用果树整枝用的剪、刀,先把较长的蹄角质剪掉,再用锋利的刀具把蹄子周围的角质修整到与蹄底平齐或接近平齐。在修蹄时,不可操之过急,一旦发现出血,可用压迫法或烧烙法止血。修蹄时间应选在雨后,这时蹄质被雨水浸软,容易修整。

六 定期驱虫

牛是各种寄生虫病的易感动物,发病面广,损失严重。为预防牛的寄生虫病,应在冬、春两季进行预防性驱虫。感染牛的寄生虫分体内寄生虫和体外寄生虫,各地可根据当地及本牛场寄生虫病的流行情况选择不同的驱虫药物。对体内寄生虫,常用丙硫苯咪唑,它具有高效、低毒、广谱的优点,可同时驱除混合感染的多种寄生虫,但使用剂量要准确。对体外寄生虫,可选用杀虫脒、双甲脒等溶液进行药浴或喷涂。

七 免疫接种

使用疫苗对牛群定期进行免疫接种,可提高牛群对相应疫病的抵抗力,是预防传染性疫病发生的关键措施。免疫接种可促使牛体对相应疫病病原产生特异性抗体,是使其对某种传染病从易感转化为不易感的一种手段。牛场或养殖农户应根据当地牛传染性疾病流行特点和流行季节,有计划地对口蹄疫、布病、传染性胸膜肺炎等传染病进行免疫接种。

八 卫生消毒

对牛场圈舍及其环境进行定期消毒，可杀灭外界环境中的病源，切断传播途径，预防疫病的发生，阻止疫病的蔓延。应选择对人、牛和环境都安全、无残留毒性，对设施、设备无破坏的消毒剂，如次氯酸盐、有机碘混合物、过氧乙酸、烧碱、生石灰、新洁尔灭、甲醛等。根据不同的环境和对象，可分别采取紫外线、浸泡、喷雾、喷洒、熏蒸和火焰等方式消毒。

在牛场、牛舍门口设消毒池，消毒池内以2%~5%的火碱水浸湿并保持液面1~2厘米，室内应设紫外线杀菌灯；牛舍周围环境(含运动场)每2~3周用2%火碱或生石灰消毒1次；牛场周围及场内污水池、排粪坑、下水道出口，每月用次氯酸盐消毒1次。工作人员进入生产区要经过更衣换鞋并经紫外线消毒，禁止将工作服、工作鞋穿出场外，每15天用新洁尔灭水溶液清洗消毒1次。谢绝外来参观人员进入生产区，非要参观须遵守牛场内的防疫制度，更换工作服和鞋，按指定线路参观。坚持每天清除粪便及废弃物，打扫舍内卫生，每月定期带牛消毒1~2次；每批牛出栏后，彻底清除粪便，打扫干净后用高压水枪冲洗，然后进行喷雾或熏蒸消毒，并空圈5~7天。喷雾消毒的消毒药物可用0.1%新洁尔灭、0.3%过氧乙酸、0.1%次氯酸钠等。定期对饲料槽、饮水槽、饲料车、运牛车及饲喂工具消毒，可选用2%火碱、0.1%新洁尔灭、0.5%过氧乙酸等消毒药。

▶ 第三节 种公牛的饲养管理

在人工授精和冷冻精液日益普及的今天，种公牛的饲养数量大大减少，对种公牛的选择与质量要求却越来越高，种公牛的重要性表现得更为突出。饲养种公牛的基本目的是在保证体质健康的基础上，生产出优质的精液，将其优良性状稳固地传给后代。培育和筛选出具有种用价值的优秀种公牛需4~5年时间，并需投入大量人力和财力。因此，对种公牛要进行科学饲养，在努力提高精液品质和数量的同时延

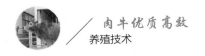

长利用年限。

一 育成公牛的饲养管理

育成公牛指从断奶到配种前正在生长发育的公牛,习惯上也称之为后备种公牛。育成公牛在 6~24 月龄已处于生长发育较快的阶段,体重增加快,优良的品种日增重在 1 000 克以上,机体组成变化明显,生殖机能快速成熟,12 月龄以后,公牛能排出成熟精子,开始具有了配种的能力。此阶段生长发育是否正常,直接关系到今后的种用价值,因此应给予科学合理的饲养管理。

(一)育成公牛的饲养

育成公牛的生长比育成母牛快,因此,所需的营养物质较多,特别需要以精料的形式提供能量,以促进其迅速的生长和性欲的发展。育成公牛的日粮搭配要完善,喂给的精、粗饲料品质要优良,保证蛋白质、矿物质及脂溶性维生素,特别是维生素 A 的供应,不允许使用抗生素和激素类药物,以免影响性器官的正常发育。因此对育成公牛除给予充足的精料外,还应喂给优质的青粗饲料,并控制喂给量;防止形成草腹或垂腹。尽量不要饲喂酒糟、秸秆、菜籽饼、棉籽饼等饲料,最好选用优质青干草。青贮饲料也不宜多喂, 周岁内青贮饲料的日喂量是其月龄数乘以 0.5 千克,周岁以上的日喂量上限为 8 千克。育成公牛日粮中精、粗饲料的比例要根据粗饲料的品种和质量来确定。以青草为主时,精、粗饲料的比例为55:45;以干草为主时,精、粗饲料的比例为 60:40。在饲喂豆科或禾本科优质粗饲料的情况下,对于周岁公牛而言日粮中粗蛋白质的含量应以不低于 12%为宜,干物质摄入量应为其体重的 2%~3%。 如果营养不足,其性成熟期延迟,影响生长,降低精液品质。

(二)育成公牛的管理

1.分群

育成公牛和育成母牛应分群单槽饲喂管理。育成公牛和育成母牛的生长发育特点有所不同,对饲养管理的条件和需求也不同。并且性成熟的育成公牛和育成母牛混养,会互相干扰,影响生长发育。

2.穿鼻戴环

为了便于管理,育成公牛年龄在 10~12 月龄时应进行穿鼻戴环。穿鼻时将牛保定之后,用碘酒消毒穿鼻部位和穿鼻钳,然后从鼻中隔正直穿过,之后塞进皮带或木棍,以免伤口长闭。伤口愈合后先戴小鼻环,随着年龄的增加,可更换较大的鼻环。

3.刷拭

育成公牛上槽后每天进行 1~2 次刷拭牛体,以保证牛体的清洁卫生和健康。同时也利于做到人和牛的亲和,防止发生恶癖。

4.按摩睾丸

每日按摩睾丸 1 次,每次 5~10 分钟,可促进睾丸的发育和改善精液品质。

5.试采精

育成公牛在 12~14 月龄后应试采精。开始时从每月 1~2 次采精,逐渐增加到 18 月龄后每周采精 1~2 次。检查采精量和精子品质,并试配一些母牛,看后代有无遗传缺陷之后决定是否留作种用。

6.加强运动

育成公牛每天上下午各进行一次舍外运动,每次 1.5~2.0 小时,行走距离约为 4 千米。通过运动不仅促进新陈代谢,强壮肌肉,防止过肥,并能提高性欲和精液品质。

7.防疫注射

定期对育成公牛进行防疫注射,防止传染病的发生。

8.防暑和防寒

炎热的南方地区要注意夏季防暑工作,寒冷的北方地区要注意冬季防寒工作。

（二）成年种公牛的饲养管理

在人工授精技术大量普及的情况下,种公牛的饲养管理,直接影响到较大范围的肉牛繁殖和改良。因此,只有对种公牛进行科学的饲养管理,才能保持健壮的体质,生产品质优良的精液,延长利用年限。

（一）成年种公牛的饲养

种公牛的饲养是影响种公牛精液品质的重要因素之一。种公牛饲料的全价性是保证正常生产及生殖器官正常发育的首要条件，特别是饲料中应含有足够的蛋白质、矿物质和维生素，对精液的生成与质量提高，以及对成年种公牛的健康均有良好的作用。根据种公牛的营养需要特点，其日粮组成应种类多，品质好，适口性强，易于消化，而且青料、粗料、精料的搭配要适当。种公牛的饲养，应注意以下几点。

1.供给全价精料

精料应由生物学价值较高的麦麸、玉米、豆饼、燕麦等组成。采精频繁时，精料中可适当补加优质蛋白质饲料。

2.供给优质青干草

要保证优质豆科干草的供给量，控制玉米青贮料的饲喂量。青贮料属生理碱性同料，但本身含有多量的有机酸，饲喂过多不利于精子的生成。要合理搭配使用青绿多汁饲料，但切勿过量饲喂多汁饲料和粗饲料，长期饲喂过多的粗饲料，尤其是质量低劣的粗饲料，会使种公牛的消化器官扩张，形成"草腹"，腹部下垂，导致种公牛精神萎靡而影响配种效能。此外，用大量秸秆喂公牛易引起便秘，抑制公牛的性活动。

3.合理搭配日粮

种公牛的日粮可由青草或青干草、块根类及混合精料组成。一般按每日每 100 千克体重饲喂干草 1 千克、块根饲料 1 千克、青贮料 0.5 千克、精料 0.5 千克，或按每日每 100 千克种公牛体重饲喂干草 1 千克、混合精料 0.5 千克。

4.控制干物质的摄入量

在配制种公牛的日粮时，干物质的摄入量是一个重要的指标。一般成熟种公牛每日的总干物质摄入量应为其体重的 1.2%~1.4%。此外，还应根据季节温度的变化进行调整，即在寒冷的季节因需要较高的能量，总干物质的摄入量要适当增加；而在炎热的气候条件下，总干物质摄入量则应适当减少。

5.饲喂方法

种公牛应单槽喂养，两头公牛之间的距离应保持 3 米以上或用 2 米高的栏板(栅栏)隔开，以免相互爬跨和顶架。饲喂种公牛应定时定量，

一般日喂 3 次。饲喂顺序为先精后粗。

6.饮水充足

冬季日喂水 3 次,夏季 4~5 次,也可自由饮水。种公牛的饮水应保证随时供给,否则动物有可能处于应激状态,影响精液产量。水要在给料和采精前给予,但应注意种公牛采精前或运动前后半小时内不宜饮水,以免影响健康。

(二)种公牛的管理

由于种公牛的特性,饲养人员在日常管理过程中,要胆大心细、处处小心。为确保人畜安全,饲养员平时对公牛要加强调教,切忌随意逗弄、鞭打或虐待公牛。

1.公牛舍

除严寒地区外,公牛舍一般以敞棚式为宜。公牛舍设计必须考虑人畜安全,牛舍围栏设置栏杆,其间距要保证饲养员能侧身通过。

2.单栏饲养

公牛好斗,为确保种公牛的安全,从断奶开始,必须分栏饲养,每牛一栏。

3.拴系

公犊在断奶前应习惯戴笼头牵引,到 10~12 月龄应穿戴鼻环,每天进行牵引训练,以养成温驯性格。

4.牵引

牵引种公牛要坚持双绳牵导,由 2 人分别在牛的两侧后面牵引,人和牛之间应保持一定的距离。

5.运动

种公牛必须强制性运动,每天上、下午各进行 1 次,每次 1.5~2 小时,行走距离约 4 千米。经常调整运动方向,以防肢势异常。

6.刷拭

每天刷拭牛体 1~2 次。

7.护蹄

保持牛蹄清洁干燥,为防止蹄壁龟裂,可经常涂抹凡士林。坚持每年春秋两季各修蹄 1 次。同时要保持牛舍、运动场干燥。

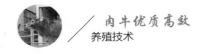

8.性情调教

调教公牛宜从幼年开始。饲养员通过抚摸、刷拭等活动与其建立感情。不能鞭打公牛,不能随便更换饲养员,为公牛治疗打针时,饲养员要避开。

9.按摩睾丸

结合刷拭,每天对阴囊、精索、睾丸进行按摩,每次 5~10 分钟。

10.称重

成年种公牛应每 3 个月称重 1 次,并根据其体重变化进行合理饲养,保持其中等体况,不可过肥。

11.合理利用

出于后裔鉴定的要求,公牛多于 12~14 月龄开始采精,每月 2 次,连采2 个月,至 18 月龄。正式投产采精后,开始每 10 天采精 1 次,以后每周 2 次,每次射精 2 次,每周采精 1 次。

▶ 第四节　母牛饲养管理

一 育成母牛的饲养管理

育成母牛生长发育快,日增重接近 1 千克;瘤胃容积不断增大,日渐接近成年牛的容积,生殖机能快速成熟,9 月龄以后,母牛能排出成熟卵子,开始具有妊娠的能力。营养贫乏、早配或运动不足,会使牛体生长发育受阻,而成为体躯狭窄、四肢细高、奶量不高的母牛。营养过剩,会使牛体脂肪沉积过多,而成为体躯过肥、难配难孕的母牛。所以,青年母牛的饲养管理应注意以下原则。

(一)日粮要营养丰富

为满足青年母牛迅速生长的需要日粮要有一定的容积,以刺激前胃的进一步发育。日粮中草类饲料与精料分别所占比例,在 6~12 月龄时为70%和 30%,在 12~18 月龄时为 75%和 25%,在 18~24 月龄时为 80%和

20%。

(二)分类组群

将年龄及体重大小相近的牛编在一群。同群个体之间的差异,月龄不超过 1.5~2 个月,活重不超过 25~30 千克。公、母牛还应分圈饲养,保持一定距离,以防相互干扰和早配。

(三)制订增重计划

要求在 18 月龄时,体重应为成年牛的 60%以上,或应比初生时增加10~11 倍;在 24 月龄时,体重应为成年牛的 70%左右,或应比初生时增加12~13 倍。

(四)适当运动

在舍饲条件下,每天应驱赶运动 1~2 小时;在放牧条件下,每天应采食运动 4~6 小时。但在育肥期应适当限制运动量,以便减少能量消耗。

(五)坚持刷拭

对牛体刷拭,可保持被毛光顺,皮肤清洁,促进皮肤新陈代谢,增强皮肤健康。还可使牛变得温驯,便于进行各项饲养管理工作。刷拭可用铁刷、鬃刷或草根刷,从上到下,从左到右,从前到后,按毛丛方向有顺序地进行。一般每天应刷拭 2 次,每次约 5 分钟。

(六)按摩乳房

配种后,每天早、晚应各按摩乳房 1 次。先左右对揉,然后由上而下,动作要柔和,不可强烈刺激。按摩既可促进乳腺发育,使牛分娩后多泌乳;又可使牛变得温驯,便于分娩后挤奶。

(七)及时配种

青年母牛在 18~24 月龄时,应及时配种。既不可早配,以免影响生长发育;也不宜晚配,以免影响经济效益。

(八)试情诱情

青年母牛发情征兆不明显,应仔细观察或用公牛试情。对迟迟不发情的母牛,用公牛诱情。

(九)补饲

补饲的精料应使用配合饲料。

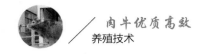
二　妊娠母牛的饲养管理

（一）母牛的妊娠期

妊娠期就是从受精卵形成开始到分娩为止。由于准确的受精时间很难确定，通常以最后 1 次受配或有效配种之日算起，母牛妊娠期平均为 285 天（范围 260~290 天），不同品种之间稍有差异，黄牛一般为 280 天（范围 270~285 天），水牛为 300~320 天（范围 281~334 天）。

（二）妊娠母牛的生理变化

1.生殖器官的变化

妊娠后，母牛卵巢上的黄体成为妊娠黄体，并以最大体积持续存在于整个妊娠期。子宫体和子宫角随胚胎的生长发育而相应扩大，子宫血流量增加，血管扩张变粗，动脉血管内膜皱褶变厚。

2.乳房的变化

妊娠开始后，在孕酮和雌激素作用下，乳房逐渐变得丰满，特别是到妊娠中后期，变化尤为明显。到分娩前几周，乳房显著增大，能挤出少量乳汁。

3.全身状态的变化

母牛妊娠后，新陈代谢旺盛，食欲增加，消化能力提高；加之胎儿、胎水的增长，母牛体重增加。妊娠后期，胎儿急剧生长，母牛要消耗在妊娠前期所积蓄的营养物质以满足胎儿生长发育的需要，此阶段如果饲养管理不当，母牛会逐渐消瘦；如果饲料中缺钙，母牛就会动用自身骨骼中的钙以满足胎儿发育的需要，严重时会使母牛后肢跛行，牙齿磨损得较快。随着胎儿逐渐增大，母牛腹内压力升高，内脏器官的容积减小，因而排粪、排尿次数增加，而每次量减少。肺活量变小，呼吸次数增加，至妊娠后半期，母牛的行动变得比较稳重、谨慎且易疲劳和出汗。有些母牛至怀孕后期，巨大的子宫压迫后腔血管，使血液循环受阻，常可见到下腹部和后肢出现水肿。

（三）妊娠母牛的饲养管理

孕期母牛的营养需要和胎儿生长有直接关系。胎儿增重主要在妊娠的最后 3 个月，此时期的增重占犊牛初生重的 70%~80%，需要从母体吸收大量营养。若胚胎期胎儿生长发育不良，出生后增重速度减慢，饲养成本增加。同时，母牛体内需蓄积一定养分，以保证产后泌乳量。妊娠前6个月胚胎生长发育较慢，不必为母牛增加营养。对怀孕母牛保持中上等膘情即可。一般在母牛分娩前，至少要增重45~70千克，才足以保证产犊后的正常泌乳与发情。

1.妊娠母牛的饲养

放牧条件下，青草季节应尽量延长放牧时间，一般可不补饲。枯草季节，根据牧草质量和牛的营养需要确定补饲草料的种类和数量，特别是在怀孕最后的2~3个月，这时正值枯草期，应进行重点补饲。需要重点指出的是，牛由于长期吃不到青草，维生素A缺乏，可用胡萝卜或维生素A添加剂来补充，冬天每头每天喂0.5~1千克胡萝卜，另外应补足蛋白质、能量饲料及矿物质的需要。精料补量每头每天0.8~1.1千克。

舍饲情况下，按以青粗饲料为主适当搭配精饲料的原则，参照饲养标准配合日粮。粗饲料如以玉米秸为主，由于蛋白质含量低，要搭配1/3~1/2优质豆科牧草，再补饲饼粕类。粗饲料若以麦秸为主，必须搭配豆科牧草，另外补加混合精料1千克左右，每头牛每天添加1 200~1 600国际单位维生素A。怀孕牛禁喂棉籽饼、菜籽饼、酒糟等饲料，不能喂冰冻、发霉饲料。饮水温度要求不低于10℃。饲喂顺序：在精料和多汁饲料较少（占日粮干物质10%以下）的情况下，可采用先粗后精的顺序饲喂。即先喂粗料，待牛吃半饱后，在粗料中拌入部分精料或多汁料碎块，引诱牛多采食，最后把余下的精料全部投饲，吃净后下槽。若精料量较多，可按先精后粗的顺序饲喂。

2.妊娠母牛的管理

怀孕期应做好保胎工作，无论放牧或舍饲，都要防止挤撞、猛跑。临产前注意观察，保证安全分娩。在饲料条件较好时，应避免过肥和运动不足。母牛在预产期前10天左右转入产房，产房要经过严格的消毒，要求宽敞、清洁、保暖性能好、环境安静。产前要在产房的地上铺些干燥、经过日光照射的柔软垫草。母牛在产房内可以取掉细绳，让其自由活动。在此期间要饲喂青干草或少量的精饲料等容易消化的饲料，饮用清洁的水，冬季最好是温水。

三 带犊母牛的饲养管理

母牛的泌乳量直接影响着哺乳期犊牛的生长发育,犊牛生后 2 个月内每天需母乳 5~7 千克。此时若不给哺乳母牛增加营养,就会使泌乳量下降,不仅直接影响犊牛的生长,而且会损害母牛健康。母牛分娩前 30 天和产后 70 天,是非常关键的 100 天,这时期良好的饲养对母牛的分娩、泌乳、产后发情、配种受胎、犊牛的初生重和断奶重、犊牛的健康和正常生长发育都十分重要。

(一)合理搭配饲料

母牛分娩 3 周后,泌乳量迅速上升,母牛身体已恢复正常,日产奶量 7~10 千克。能量饲料的需要比妊娠时高出 50% 左右,蛋白质、钙、磷需要量加倍。此时,应增加精料饲喂量,每日干物质进食量 9~11 千克,每次饲喂量不超过 3 千克,增加饲喂次数,日粮中粗蛋白质含量 10%~11%,并要供给优质粗饲料。饲料要多样化,一般精、粗饲料各由 3~4 种组成,并大量饲喂青绿、多汁饲料,以保证泌乳需要量和母牛发情。增加高纤维含量以及农产品加工副产品的喂量,包括玉米种皮、大豆荚、玉米芯、棉籽皮、粗小麦粉、甜菜渣等,其纤维含量较高,且具有较高的能量。单一加工副产品日饲喂量不能超过 4.5 千克。提高青贮玉米质量,青贮的喂量可占到粗饲料喂量的 2/3~3/4。

(二)细心管理,尽快恢复配种能力

母牛产后到生殖器官等逐渐恢复正常状态的时期为产后期。这时期对母牛加强护理,促使其尽快恢复到正常状态,并防止产后疾病。在正常情况下,母牛子宫在产后 9~12 天就可以恢复,但要完全恢复到未妊娠时状态需 26~47 天;卵巢的恢复约需 1 个月时间;阴门、阴道、骨盆及韧带等在产后几天就可恢复正常。

母牛产后立即驱赶让其站立,让其舔初生犊牛,并把备好的麦麸盐温水让母牛充分饮用,以补充体内水分,帮助维持体内酸碱平衡、暖腹、充饥,增加腹压,以避免产犊后腹内压突然下降,使血液集中到内脏,造成“临时性贫血”而休克。产后 1~2 天的母牛在继续饮用温水的同时喂给质量好、易消化的饲料,但投料不宜过多,尤其不应突然增加精料量,以

免引起消化道疾病。一般 5~6 天后可以逐渐恢复正常饲养。另外,要加强外阴部的清洁和消毒。可在外阴及周围用温水、肥皂水或 1%~2% 来苏儿或 0.1% 的高锰酸钾水冲洗干净并擦干。母牛产后排出恶露时间一般为 10~14 天,要注意及时更换、清除被污染的垫草。要防止贼风吹入,以免发生感冒,影响母牛健康。胎衣排出后,要让母牛适当运动,同时,注意乳房护理,哺乳前应用温水洗涤,以防乳房的污染,保证乳汁的卫生。保证牛舍卫生。对放牧的母牛要注意食盐的补给,归放后对哺乳母牛进行补饲,满足泌乳营养需要,提高泌乳量。

▶ 第五节　犊牛饲养管理

一　新生犊牛的消化特点

犊牛出生后,瘤胃、网胃、瓣胃容积较小,3 个胃约占胃总容积的 30%,发育不完全,没有消化食物的功能。此时皱胃容积大,约占胃总容积的 70%,胃内有消化酶分泌,具有消化食物的功能。前胃有食管沟,在瘤胃壁上有两片食管沟唇,当犊牛吃奶时,两沟唇闭合形成管状,牛奶从食管沟直接进入皱胃进行消化。

犊牛瘤胃微生物区系尚未建立,犊牛出生后 15~20 天开始采食植物性饲料,同时由母牛舔犊牛的鼻、唇或与其他大龄的犊牛相互舔吮而接种瘤胃微生物,在瘤胃生活繁殖,发酵植物性食物,也可人工采食健康成年牛的反刍食物,进行接种感染。

犊牛消化道中一些消化酶尚不健全,如犊牛肠道内缺乏麦芽糖酶,胰脂酶活性不强,所以初生犊牛尚不能食用植物性的淀粉、脂肪、粗纤维等,而随着年龄的增长,这些消化酶就逐渐分泌并提高活性。

二　新生犊牛的护理

母牛分娩过程中,犊牛露出鼻、嘴之后应立即用手清除犊牛鼻孔和

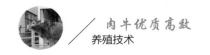
口腔中的黏液,使犊牛呼吸通畅,以免发生窒息。

犊牛完全娩出后,应及时用手护着犊牛腹部脐带孔,防止撕裂脐带孔,然后在距离犊牛腹部 10 厘米处,结扎脐带,并用消毒过的剪刀剪断脐带,立即用 5%的碘酒或碘甘油把脐带断头消毒。

称出生重,登记犊牛卡片,记录犊牛性别、出生日期、毛色花片及特性、父母牛号和出生重。

三 初乳期犊牛的饲养管理

初生犊牛期的饲养方法大致有两种:一种是出生后的犊牛立即与母牛分开饲喂人工乳;另一种是犊牛出生后留在母牛身边(或隔栏内)共同生活 3~4 天,自行吸食母乳。不论哪种饲养方法,初乳的饲养管理都应把握以下原则。

①出生后的犊牛应及时喂给初乳(1 小时以内最好),以后每天喂 3 次,每次 1.5~1.7 千克,以保证足够的抗体蛋白量。

②初生犊牛要给予保温、通风、光照及良好的舍饲条件。

③饲喂犊牛过程中一定要做到"四定"。定质:喂给犊牛的奶必须是健康牛的奶,忌喂劣质或变质的牛奶,也不要喂患乳房炎牛的奶。定量:日喂量按体重的 8%~10%确定。哺乳期为 2 个月时,前 7 天时日喂 5 千克,8~30 天时日喂 6 千克,31~40 天时日喂 5 千克,41~50 天时日喂 4.5 千克,51~60 天时日喂 3.7 千克,全期喂奶 300 千克。如果哺乳期为 3 个月,全期喂奶 500 千克。定时:要固定喂奶时间,严格掌握,不可过早过晚。定温:指饲喂乳汁的温度,一般夏天掌握在 34~36℃,冬天 36~38℃。

如果用奶桶喂初乳,应人工予以引导。一般是人将手指伸在奶中让犊牛吸吮,不论用什么工具喂奶都不得强行灌入。体弱牛或经过助产的牛犊,第一次喂奶大多数反应很弱,饮量很小,应有耐心,在短时间内多喂几次,以保证必要的初乳量。

四 常乳期犊牛的饲养管理

(一)制定饲养方案
犊牛出生 5 天后从哺乳初乳转入常乳阶段,牛也从隔栏放入小圈内群饲,每群 10~15 只。哺乳牛的常乳期 60~90 天(包括初乳段),哺乳量一般在 300~500 千克,日喂奶 2~3 次,奶量的 2/3 在前 30 天或 50 天内喂完。全期平均日增重 670~730 克。

(二)尽早补饲精、粗料

犊牛出生后 1 周左右即可训练采食代乳料。开始每天喂奶后人工向牛嘴及四周填抹极少量精料,引导开食,2 周左右开始向草栏内投放优质干草供其自由采食。1 个月以后可供给少量块根与青贮饲料。

(三)供给犊牛充足的饮水

喂给犊牛奶中的水不能满足生理代谢的需要,除了在喂奶后加喂必要的饮用水外,还应设水槽供水,早期(1~2 月龄)要供温水,并且水质也要经过测定。早期断奶的犊牛,需要供应采食干物质量 6~7 倍的水。

(四)犊牛期应有良好的卫生环境

犊牛的主要疾病(特别是早期)有大肠杆菌与病毒感染的下痢,以及多种微生物引起的呼吸道疾病。为了做好犊牛疾病的预防,除及时喂给初乳增强肠道黏膜的保护作用和增强自身的免疫能力外,还应从出生日起就有严格的消毒制度和良好的环境。哺乳用具应该每用一次就清洗、消毒一次。每头犊牛有一个固定的奶嘴和毛巾,每次喂完奶后擦净嘴周围的残留奶。犊牛围栏、牛床应定期清洗和消毒,垫料要勤换,保持干燥。北方冬季寒冷,可经常加铺新垫料。隔离间及犊牛舍的通风要良好,忌贼风,阳光充足(牛舍的采光面积要合理)。冬季要注意保温,夏季要有降温设施。牛体要经常刷拭,保持一定时间的日光浴。

(五)犊牛期要有一定的运动量

从 10~15 日龄起应该有一定面积的活动场地,尤其在 3 个月转入大群饲养后,应有意识地引导活动,或强行驱赶,如果能放牧就更好。

(六)犊牛要调教

调教可以使犊牛养成良好的规律性采食反射和呼之即来、赶之即走的驯顺性格。

(七)控制精料喂量

日常饲养中要坚持犊牛以采食品质中等以上的粗饲料(以干草为主体)来满足营养需要,精饲料饲喂量每头每天不超过 2 千克。

五 断奶补饲

　　肉用犊牛随母牛自然哺乳,哺乳期一般为6个月。犊牛哺乳期间开始完全靠母乳生长发育,随着年龄的增长,体重加大,母牛泌乳期延长,完全靠母乳已不能满足其营养需要,犊牛便开始采食其他饲料,所以应当尽早给犊牛补饲。在犊牛初生后第12~15天,就开始用专配的开食料煮成粥,让犊牛舐食。由少到多逐渐训练,直到犊牛完全学会吃料,以刺激犊牛瘤胃发育。

第四章　肉牛繁殖技术

▶ 第一节　肉牛发情生理与发情干预

一　母牛发情

母牛发育到一定年龄,便开始出现发情,发情是未孕母牛所表现的一种周期性变化,发情时,卵巢上有卵泡迅速发育,产生的雌激素作用于生殖道使之产生一系列变化,为受精提供条件;此外,雌激素还能使母牛产生性欲和性兴奋,以及允许公牛爬跨、交配等外部行为的变化。

(一)发情周期

母畜到了初情期后,生殖器官和整个有机体便发生一系列周期性的变化,即开始发情。发情周期通常是指从一次发情的开始到下一次发情开始的间隔时间,平均间隔 21 天左右。壮龄、营养较好的母牛发情周期较为一致,而老龄和营养不佳的母牛发情周期较长。一般来讲,青年母牛较成年母牛约短 1 天。

发情周期的出现是卵巢周期变化的结果,卵巢周期受到复杂的内分泌机制所控制,涉及丘脑下部垂体、卵巢和子宫等所分泌激素的相互作用。(表 4-1)

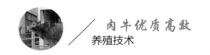

表4-1　母牛发情周期的分期与相应变化

| 阶段划分及天数(天) | 卵泡期 | | 黄体期 | | 卵泡期 |
| | 发情前期 | 发情期 | 发情后期 | 间情期 | 发情前期 |
	18　19　20	21　1	2　3　4　5	6～15	16　17
卵巢	黄体退化,卵泡发育、生长、成熟,分泌雌激素,发情结束后排卵		黄体形成、发育,分泌孕酮,卵泡迅速发育		黄体退化,卵泡开始发育
生殖道	轻微充血、肿胀,腺体活动增加	充血肿胀,子宫颈口开放,黏液流出	充血、肿胀消退,子宫颈收缩,黏液少而黏稠	子宫内膜增生,间情期早期分泌旺盛	子宫内膜及腺体复旧
全身反应	无交配欲	有交配欲	无交配欲		

1.发情周期分类方法一

根据动物的性欲表现和相应的机制以及生殖器官变化,发情周期分为发情前期、发情期、发情后期和间情期四个阶段。

(1)发情前期

黄体萎缩消失,卵泡开始发育,雌激素上升,生殖器官开始充血,黏膜增生,子宫颈上稍有开放。

(2)发情期

从发情开始至结束(发情持续期)。

(3)发情后期

安静无发情表现,部分牛阴道流出少量的血。雌激素下降,黄体出现。

(4)间情期

又叫休情期,母牛发情结束后的相对生理静止期。主要特点是黄体内由逐渐发育而转为略有萎缩,孕酮分泌也逐渐下降。

2.发情周期分类方法二

根据卵巢上卵泡发育、成熟及排卵,黄体的形成和退化两个阶段,发情周期分为卵泡期和黄体期。

(1)卵泡期

指卵泡从开始发育到排卵,相当于发情前期和发情期。

（2）黄体期

指在卵泡破裂排卵后形成黄体，直至黄体开始退化为止，相当于发情后期和间情期。

（二）发情鉴定方法

发情鉴定的目的是及时发现母牛配种时间，防止误配、漏配，提高受胎率。这项工作做得不好，就会使牛群漏配牛只增加，从而延长产犊间隔，增加饲养成本，降低繁殖率，减少经济效益。准确的发情鉴定更是成功地进行人工授精、超数排卵及胚胎移植的关键。确定母牛的发情期普遍采用外部观察法和直肠检查法。外部观察法，一般可总结为"四看"。

1.一看

看外部表现。处于发情初期的母牛表现兴奋不安、敏感躁动，寻找其他发情母牛，活动量、步行数是常牛的 5 倍以上。反应敏感、哞叫，不接受其他牛爬跨。发情盛期则嗅闻其他母牛外阴，下巴依托他牛臀部并摩擦；压捏腰背部下陷，尾根高抬；接受爬跨，被爬跨时举尾，四肢站立不动。进入发情末期，母牛逐渐转入平静期，渐渐地不再接受爬跨。

2.二看

看外阴变化。母牛发情时，阴户由微肿而逐渐肿大饱满，柔软而松弛，继而阴户由肿胀慢慢消退，缩小而显出皱纹。60%左右的发情母牛可见阴道出血，大约在发情后两天出现。这个征候可帮助确定漏配的发情牛，为跟踪下次发情日期或调整情期提供依据。

3.三看

看阴道黏膜和子宫颈口变化。发情初期阴道壁充血潮红而有光泽。发情盛期子宫颈红润，颈口开张，约能容纳一根手指。末期阴道黏膜充血、潮红现象逐渐消退，子宫颈口慢慢闭合。

4.四看

看阴户流出黏液的变化。发情初期排出的黏液比较清亮，像鸡蛋清，牵缕性差。发情盛期母牛阴户排出如玻璃棒样，具有高度的牵缕性，易粘于尾根、臀端或后肢飞节处的被毛上。排卵前排出的黏液逐渐变白而浓厚黏稠，量也减少，牵缕性又变差。可用拇指和食指蘸取少量黏液，若牵拉 5~7 次不断（距离 5~7 厘米），此时母牛已接近排卵，应在 3~4 小时内输精，若牵拉 8 次以上不断者为时尚早，3~5 次即断则为时已晚。

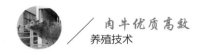

二 肉牛发情干预

肉牛发情干预通常使用同期发情技术,同期发情又称同步发情或发情控制技术,是利用某些激素人为地控制并调整若干(供、受体)母牛在一定时间内集中发情,可以对受控制的母牛不经过发情检查即在预定时间内同时受精。现行的同期发情技术是通过控制黄体延长或缩短其寿命,降低孕酮水平,使母牛摆脱孕激素控制的时间一致,从而导致卵泡同时发育,达到同期发情的目的。

(一)同期发情的意义

1.有利于推广人工授精

由于牛群过于分散或交通不便,人工授精技术推广往往受到限制。如果在一定时间内使母牛群集中发情,就可以根据预定的日程进行集中定时配种,便于集中配种、管理,降低成本,提高工效。

2.便于组织肉牛生产

控制母牛同期发情,可使母牛配种、妊娠、分娩及犊牛培育在时间上相对集中,便于肉牛的成批生产,便于饲养管理,节约劳动力和费用,对于规模化肉牛养殖场有很大的实用价值。

3.提高母牛繁殖率

同期发情不但用于周期性发情的母牛,而且也能使乏情状态的母牛出现性周期活动。例如,卵巢静止的母牛经过孕激素处理后,很多表现发情;因持久黄体存在而长期不发情的母牛,用前列腺素处理后,由于黄体消散,生殖机能随之得以恢复。

(二)同期发情技术

用于母牛同期发情处理应用的药物种类很多,方法也有多种,但目前较适用的是孕激素法和前列腺素法两种。

1.孕激素法

包括埋植法和阴道栓塞法。埋植法是将一定量的孕激素制剂装入管壁有小孔的塑料细管中,利用套管针或者专门埋植器将药管埋入耳背皮下;阴道栓塞法是将含有一定量孕激素的专用栓塞放入牛阴道内。经一定天数(一般是10天左右)后将栓塞取出,并(或提前1天)注射前列腺素,在第2、第3、第4天内大多数母牛有卵泡发育并排卵。

2.前列腺素法

前列腺素的投药方法有子宫注入(用输精管)和肌肉注射两种,前者用药量少,效果明显,但注入时较为困难;后者操作容易,但用药量需适当增加。

前列腺素处理法只有当母牛在周期第5~18天（有功能黄体时期）才能产生发情反应。对于周期第5天以前的黄体,前列腺素并无溶解作用。为使一群母牛有最大限度的同期发情率,第1次处理后,表现发情的母牛不予配种,经10~12天后,再对全群牛进行第2次处理,这时所有的母牛均处于周期第5~18天之内。故第2次处理后母牛同期发情率显著提高。

同期发情处理后,虽然大多数牛的卵泡正常发育和排卵,但不少牛无外部发情症状和性行为表现,或表现非常微弱,其原因可能是激素未达到平衡状态;第2次自然发情时,其外部症状、性行为和卵泡发育则趋于一致。

(三)同期发情技术操作实例

同期发情处理之前对受体牛进行直肠触摸,检查卵巢是否处于活动状态。处于活动状态的牛方可进行同期发情处理。

药品:氯前列烯醇(PG)。

剂量:经产牛0.3~0.4毫克/次,育成牛0.2~0.3毫克/次。

方法:二次注射法(肌肉注射)

第一次注射:任意一天。

第二次注射:第一次注射后11天。

第二次注射后24~96小时即可观察到发情并可进行配种。

第二节 肉牛配种和人工授精技术

一 肉牛配种

(一)配种的适宜时机

育成母牛的配种时间是决定其产后泌乳力、繁殖年限和分娩难产率的重要因素。实践证明,育成母牛性成熟后,体重为本品种成年母牛的70%以上,配种效果较好。一般初配年龄和体重:小型品种年龄16~18个月,体重300~320千克;中型品种年龄18~20个月,体重340~360千克;大型品种年龄20~22个月,体重380~440千克。当年龄达到要求而体重不足时,应在加强饲养的基础上适当推迟初配;当体重达到要求而年龄不足时,可相对提前1~2个发情周期初配。

牛配种适宜时机包括发情期中配种的适宜时机和产后第一次配种适宜时机两个方面。它是提高受胎率的重要技术措施之一,可以影响牛群繁殖率、生产性能、生产率等。

1.产后第一次配种的适宜时机

母牛产后第一次发情的时间受子宫复原情况、品种、营养状况等因素影响,产后第一次配种过早则不易受孕,过晚则饲养费用升高。为提高牛的经济利用性(主要是产犊头数),不影响母牛健康,有利于持久正常的生产,产后初配的时机选择很重要。

由于母牛产后30天内受胎率低,到60~90天时基本恢复正常,母牛产后60~90天,发情期配种受胎率最高。对体况良好、子宫复原早的母牛,可以在产后40~60天内的发情期进行配种;对子宫未复原的母牛,无论体况如何都要在子宫复原之后配种。产后营养状况对第一次配种的受胎率影响很大。因此,对营养状况差的母牛,在配种前10~15天进行短期优饲十分必要。

2.发情期中配种的适宜时机

母牛最佳的输精时间是母牛发情末期或排卵前 6 小时,此时直肠检查可摸到卵泡突出于卵巢表面,壁薄,紧张,有弹性,有波动感,像熟透的葡萄,有一触即破的感觉。外部观察时母牛静立、接受爬跨和阴户流出透明具有强拉丝性黏液(黏丝提拉在 6~8 次,二指水平拉丝可呈"y"状),此时是输精的最佳时期。在生产实践中,一般可采用一个发情期输精两次,具体来说上午发现母牛发情,晚上输精一次,次日上午再输一次;中午发现母牛发情,次日上下午各输精一次;下午发现母牛发情,次日中午和夜晚各输精一次。

(二)配种方法

①自然交配。大群放牧时常用此法,为了充分利用种公牛,要注意适当的公母比,黄牛最好为 1:(20~40),水牛为 1:(15~30)。

②人工辅助配种。可人为地进行选择,一头公牛能配 20~50 头母牛。

③人工授精。利用器械采取公牛的精液,经过适当的检查和处理,再用器械把精液输送到母牛生殖器的适当部位,使之受孕的配种方法。牛的人工授精分鲜配(人工采取新鲜精液稀释后直接配种)和冷配(人工采精稀释后冷冻保存再解冻,然后进行配种)。目前牛人工授精大多是冷配,优点是扩大种公畜的配种头数,提高受胎率,预防因本交而感染的疾病,克服公母畜因体格大小悬殊而带来的自然交配困难,节省或不需要种公牛的饲养费用,能较快地繁殖优良后代进入商品化生产,提高经济效益。尤其在商品牛养殖中,更显示了它无可替代的重要性和优越性。

二 人工授精技术

人工授精技术是家畜繁殖中一项效果非常好、非常成熟的专门技术,在推进品种改良、提高和改善畜产品产量和品质方面意义重大。

(一)人工授精技术优点

①可明显提高种公牛的利用率。在自然交配情况下,一头公牛一次只能配一头母牛。如果用人工授精技术,采精一次就可以配几十头母牛,甚至更多。

②可明显提高后代遗传水平。种公牛对肉牛群遗传改良的贡献,可

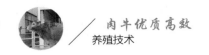

以达到总遗传进展的 75%~95%，使用这些公牛冻精，将会大大提高后代的生产性能。

③可明显提高受胎率。在采用人工授精技术时，每次输精都使用经过筛选检查的冻精，且选择最适当的发情时机输精，大大提高了受胎率。

④有效地预防了疾病的传播。采用人工授精，公牛和母牛生殖器官不直接接触，防止了由交配引起的疾病传播，如传染性流产、颗粒性阴道炎、子宫炎、滴虫病等。

（二）优质冻精的选择

①查看系谱，避免近交通常使用的冷冻精液都会带有系谱，即公牛的遗传信息，可以知道所使用的公牛三代内亲缘关系。如果待配母牛是这头公牛的近亲，则尽量避免使用。

②查看该公牛是否有后裔测定记录。后裔测定是评定种公牛好坏最有效的方法，只有通过后裔测定的公牛，其冷冻精液才能被广泛采用。

③选用肉牛细管冻精。因为细管冻精是经鉴定为良种公牛并编号的冻精，系谱档案清晰，能避免近亲繁殖，防止生产性能降低，并便于档案登记。细管冻精输精操作简便，受胎率也高于颗粒冻精。

（三）授精前的准备

①授精器械物品的准备。液氮罐、液氮、输精枪、输精枪外套、镊子、细管冻精、细管剪、温度计、温水、一次性手套、常用消毒剂等。

②母牛的准备。将母牛置于保定栏内，把牛尾拉向一侧，用温水冲洗母牛外阴部，再用 2%的来苏尔或 0.1%的新洁尔灭溶液消毒，最后用干净的毛巾擦干消毒液。

③精液的准备。用镊子从液氮罐中迅速取出一支细管冻精，立即投入到 38~40℃的温水中，摆动 10 秒左右使其溶化，擦干细管上的水珠，用细管剪剪掉细管封口端 1 厘米左右，装入输精枪外套中，细管冻精封口端在前，棉塞端朝后，然后把输精枪伸入外套中，使输精枪的直杆插入细管的棉塞端，缓慢向后移动外套，把外套固定在输精枪的螺丝扣处。

（四）输精部位的选择

正常情况下，输精枪只要通过子宫颈口，到达子宫体底部即可输精，这样无论哪侧卵巢排卵，都可以保证有精子抵达受精部位。如果直肠检查技术熟练，并可以确定卵泡位置，也可将精液输到卵泡侧子宫角基部。

（五）输精操作

操作者提前将指甲剪短修平，两手及手臂充分洗净消毒，一般用左手，手指并拢成锥形，缓缓插入直肠，排除宿粪（最好采用空气排粪法，即用手指扩张肛门让空气进入，诱导母牛排除宿粪）。伸入直肠后，手心向下，手掌展开，手指微曲，在骨盆底部下压，先找到像软骨一样手感的子宫颈，然后握住子宫颈后端，左手肘臂向下压，压开阴裂，右手持输精枪，由阴门插入。先向上前方插入一段，以避开尿道口；再向前方插入至子宫颈口，左右手配合绕过子宫颈螺旋皱褶，通过子宫颈内口，到达子宫体的底部；然后将输精枪再稍微后撤一点，推动输精枪直杆，将精液注入子宫内；最后缓慢抽出输精枪，输精完毕。

（六）输精时注意事项

①隔着直肠握子宫时，如直肠壁过于紧张，不要硬抓，要稍停片刻，待肠壁平缓松弛后再抓，以免导致直肠破裂或损伤。

②母牛摆动较剧烈时，应把输精枪放松，手要随牛的摆动而移动，以免输精枪损伤生殖道内壁。

③输精枪进入阴道后，当往前送受到阻滞时，在直肠内的手应把子宫颈稍往前推，把阴道拉直，切不可强行插入，以免造成阴道破损。

（七）常见输精技术障碍

1.输精枪不能顺利插入阴道

这种现象多因为输精枪插入方向不对，误入尿道，导致母牛过敏或母牛抵抗。如果插入方向不对，可先由斜下方插入阴道10厘米，再向平或向下方插入（因为老母牛阴道松弛，多向腹腔下部沉降）。如果是被阴道壁弯曲所阻，可用在直肠内的左手整理，向前拉直阴道。如果母牛过敏，可有节律地抽动左手或轻搔肠壁，以分散母牛对阴部的注意力。对于误入尿道的，抽回后，使输精枪尖端沿阴道壁前进，即可插入。

2.找不到子宫颈

多见于育成牛，老龄母牛或生殖道闭缩的母牛。青年母牛子宫颈往往细小如手指，多在近处可以触到；老龄母牛子宫颈粗大，往往随子宫沉入腹腔。需注意的是，凡是生殖道闭缩的母牛，如果检查骨盆前无索状组织（子宫颈），则一定是团缩在阴门最近处，用手按摩，使之伸展。

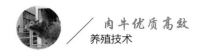
3.输精枪对不上子宫颈口

多由左手把握过前,有皱褶阻挡,偏入子宫颈外围或被中间口内皱襞阻挡所致。操作者可将手臂稍后退,把握住子宫颈口,防止子宫颈口游离下垂,随即自然导入。如有皱襞阻挡,需把子宫颈管前推,以便拉直皱襞。若偏入子宫颈外围,需退回输精枪,用左手拇指定位引导插入子宫颈口。若被子宫颈口内壁阻挡,可用左手持子宫颈上下扭动,扭转校对后慢慢伸入。

▶ 第三节　母牛产犊技术要点

一　母牛妊娠诊断

(一)外部症状观察法

对配种后的母牛在下个发情期到来前后,注意其是否再次发情,如不发情,则可能受胎。但有的母牛虽然没有受胎,在发情时征状不明显(安静发情/暗发情)或不发情,而有些母牛虽已受胎但仍有发情的表现(假发情)。另外,观察其行为、食欲、营养状况及体态等对妊娠诊断也有一定的参考价值。

(二)阴道检查法

妊娠母牛阴道黏膜变为苍白,比较干燥。怀孕1.5~2个月时,子宫颈口附近即有黏稠黏液,但量尚少;至3~4个月后,黏液明显并变得黏稠,呈灰白色或灰黄色,如同稀糊,以后逐渐增多,黏附在整个阴道壁上,附着于开膣器上的黏液呈条纹或块状。至妊娠后半期,可以感觉到阴道壁松软、肥厚,子宫颈位置前移,且往往偏于一侧。

(三)直肠检查法

直肠检查法是大家畜妊娠诊断中最基本、最可行的方法,是判定母畜是否怀孕的主要依据,在整个妊娠期均可采用,并能判断怀孕的大体月份,孕畜的假发情、假怀孕、一些生殖器官疾病及胎儿的死活。在怀孕初期,以子宫角形状质地的变化为主;在胎胞形成后,以胎胞的发育为主,当胎胞下沉不易触摸时,以卵巢位置及子宫动脉的妊娠脉搏为主。

1.配种后 19～22 天

子宫勃起反应不明显,在上次发情排卵处有发育成熟的黄体,体积较大,疑为妊娠。如果子宫勃起反应明显,无明显的黄体,而一侧卵巢上有大于 1 厘米的卵泡,说明正在发情;如果摸到卵巢局部有凹陷,质地较软,可能是刚排过卵。这两种情况均表现未孕。

2.妊娠 30 天

孕侧卵巢有发育完善的妊娠黄体并突出于卵巢表面,因而卵巢体积往往较对侧卵巢体积增大一倍。两侧子宫角已不对称,孕角较空角稍增大,质地变软,有液体波动的感觉,孕角最膨大处子宫壁较薄,空角较硬而有弹性,弯曲明显,角间沟清楚。用手指轻握孕角从一端向另一端轻轻滑动,可感到胎膜囊由指间滑动,或用拇指及食指轻轻提起子宫角,然后稍为放松,可以感到子宫壁内先有一层薄膜滑开,这就是尚未附植的胚囊。

3.妊娠 60 天

由于胎水增加,孕角增大且向背侧突出,孕角比空角约粗一倍,而且较长,两侧悬殊明显。孕角内有波动感,用手指按压有弹性。角间沟不甚清楚,但仍能分辨,可以摸到全部子宫。

二 产犊

(一)预产期的计算

为合理安排生产,正确养好、管好不同阶段的妊娠母牛,便于做好产前准备,必须计算出母牛的预产期。一般母牛的怀孕期为 280 天,可采用"减 3 加 6"的方法,也就是产犊月份是配种月份减去 3,产犊日期是配种日期加上 6。例如:一头母牛最后一次配种时间为 2020 年 7 月 15 日,这次母牛的预产期为 2021 年 4 月 21 日。另一头母牛的最后配种时间是 2022 年 1 月 29 日,这头母牛的预产期为 2022 年 11 月 4 日。月份:1+12-3=10(月),日期:29+6=35(日)(10 月是 31 天就是 11 月 4 日)。生产实践中,为了减少烦琐的计算,常将母牛预产期制成母牛妊娠日历表,根据配

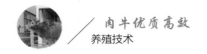
种日期,便可查得母牛的预产期。

(二)分娩预兆

母牛在临近分娩前数天,可从乳头挤出少量清亮胶样液体,至产前数天乳头中充满初乳;阴唇从分娩前约1周开始逐渐柔软、肿胀、增大,阴唇皮肤上的皱褶展平,皮肤稍变红;阴道黏膜潮红,黏液由浓厚黏稠变为稀薄润滑;子宫颈在分娩前1~2天开始肿大、松软,黏液栓塞溶化,流入阴道而排出阴门之外,呈半透明索状;骨盆韧带从分娩前1~2周即开始软化,至产前12~36小时,尾根两旁只能摸到一堆松软组织,且荐骨两旁组织塌陷,母牛临产前食欲不振,排尿量少而次数增多。这些现象都是分娩即将来临的预兆,要全面观察综合分析才能做出正确判断。

(三)分娩过程

1.开口期

是从子宫开始阵缩到子宫颈口充分开张为止,一般需2~8小时(范围为0.5~24小时)。特征是只有阵缩而不出现努责。初产牛表现不安,时起时卧,徘徊运动,尾根抬起,常做排尿姿势,食欲减退;经产牛一般比较安静,有时看不出有什么明显表现。

2.胎儿产出期

从子宫颈充分开张至产出胎儿为止,一般持续3~4小时(范围为0.5~6小时),初产牛一般持续时间较长,若是双胎,则2胎儿排出间隔时间一般为20~120分钟。特点是阵缩和努责同时作用,进入该期,母牛通常侧卧,四肢伸直,强烈努责,羊膜绒毛膜形成囊状突出阴门外,该囊破裂后,排出淡白色或微带黄色的浓稠羊水。胎儿产出后,尿囊才开始破裂,流出黄褐色尿水。因此,牛的第一胎水一般是羊水,但有时尿囊可先破裂,然后羊膜囊才突出阴门破裂。在羊膜破裂后,胎儿前肢和唇部逐渐露出并通过阴门,这时母牛稍事休息,继续把胎儿排出。

3.胎衣排出期

从胎儿产出后到胎衣完全排出为止,一般需4~6小时(范围为0.5~12小时),若超过12小时,胎衣仍未排出,即为胎衣不下,需及时采取处理措施。此期特点是当胎儿产出后,母牛即安静下来,经子宫阵缩(有时还配合轻度努责)使胎衣排出。

(四)接产助产

1.产前准备

(1)产房准备

条件允许时应有单独的产房。如无条件,可将牛舍的一个角落隔为产房。除具有一般牛舍条件外,必须保持安静、干燥、阳光充足、通风良好、无贼风。此外,还需要经常消毒,褥草每天更换。

(2)接产人员准备

由懂得接产基本知识的人员值班,当分娩预兆出现后,应日夜值班,尤其晚间更为重要,因分娩一般在夜晚。

(3)药品和器械准备

产房内应备有清洁的木桶和面盆、肥皂、刷子、毛巾、大张塑料布、绷带及一般用消毒用品(1%煤酚皂溶液,75%酒精,2%~3%碘酊)、细绳、剪刀和产科绳等。此外,尚须备有体温计、听诊器、注射器和强心剂,条件允许时最好备有一套产科器械。

(4)母牛准备

产前数天清洁牛体,送入产房,每天测 2 次体温,并注意观察母牛食欲和全身状况。

2.接产

母牛出现分娩现象时, 用 1%煤酚皂溶液或 0.1%高锰酸钾溶液洗净外阴部、肛门、尾根及后躯,然后用 75%酒精消毒,接产人员的手臂消毒后等待接产。当母牛阵缩间歇很短而阵缩力甚强,经 20 分钟左右须进行产道检查,确定胎儿方向、位置和姿势是否正常。正常情况下,不急于将胎儿拉出,可让其自然分娩。一开始胎包露出后 10~20 分钟,母牛要卧下。这时,要设法让它左侧卧,以免胎儿受瘤胃压迫,影响分娩。头位正产的姿势是,两前肢托着头先出来。而尾位正产时,是两后肢先出来。

正常分娩接产原则:监视分娩情况和护理仔畜,监视分娩过程三个时期是否正常进行,监视胎儿胎位是否正常及倒生胎一定要助产,保护仔畜使其能及时呼吸及避免外伤,擦干羊水及蹄的处理。

3.助产

母牛的助产是及时处理母牛难产,进行正确的产后处理以预防产后母牛炎症和保证犊牛健康的重要环节。分娩是母牛正常的生理过程,一

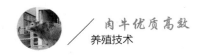

般情况下,不需要助产而任其自然产出。但在胎位不正、胎儿过大、母牛分娩无力等情况下,母牛自动分娩有一定的困难,必须进行必要的助产。

当观察到胎膜已经露出体外时,不应急于将胎儿拉出,应将手臂消毒后伸入产道,检查胎儿的方向、位置和姿势。如胎位正常,可让其自然分娩;若是倒生,后肢露出后,则应及时拉出胎儿。

当胎儿两前肢和头部露出阴门时,而胎膜仍未破裂,可将胎膜撕破,并将胎儿口腔、鼻周围的黏膜和黏液擦净,便于胎儿呼吸。如果破水过早,产道干燥或狭窄或胎儿过大时,可向产道内灌入消毒的温肥皂水或植物油润滑产道,便于拉出胎儿。当倒生露出双后蹄时,要及时拉出胎儿,因为当胎儿腹部进入产道时,脐带容易被压在骨盆上,如停留过久,胎儿可能会窒息死亡,拉出时要配合母牛努责的动作,母牛努责停顿时不能硬拉。

当胎儿胎位及姿势正常而母牛努责产出无力时,可配合使用缩宫药物,利于接产。可用催产素100国际单位,加入10%葡萄糖注射液500毫升中,静脉滴注。注药过程中有时母牛努责有力会把胎儿自行产出。但对体质弱或高产肉牛,需在母牛努责时人工辅助拉出胎儿。

当胎儿前肢和头部露出阴门,但羊膜仍未破裂,需将胎膜撕破后再拉出两肢,用绳缚住两肢的掌部(勿与胎膜缚在一起)。正生时(头先出),尚须用手指擒住胎儿下颌或两鼻孔,慢慢将胎儿拉出。当胎头通过阴门时,助手用双手捂住阴门上下联合,防止会阴撕裂。拉出抬头时,须将抬头稍向上拉以符合骨盆轴线。牵引胎儿时必须配合母牛的努责向外牵引,间歇时应暂停牵引,如强行拉出胎儿易发生子宫外翻。当发现胎儿假死(舌吐出口外)时,必须将胎儿强行缓慢拉出,以便及时抢救胎儿,但要柔和用力,避免用力过猛。牵拉两前肢应使两肢稍有前后一起向外拉,这样可缩小胎儿肩部之间的宽度,使胎儿容易通过骨盆口。当胎儿脐带通过母牛阴门时,用手捂住脐部,避免在牵拉胎儿过程中脐带血管断在脐孔中。胎儿臀部通过阴门时,由助手双手托住胎儿臀缓慢拉出,切忌速拉。倒生时(臀先出)须迅速拉出胎儿,否则脐带被压迫于母牛骨盆入口处,造成胎儿窒息死亡。当倒生牵拉后腿,胎儿臀部通过母牛骨盆口时,应使两腿有前后使胎儿臀部稍有倾斜向外拉出。

当胎儿产出部位异常时,须将胎儿推回子宫内进行矫正。推回胎儿时要等待母牛努责间歇期间进行。将胎儿推回子宫非常困难,应设法使母牛处于头低臀高的倾斜位置,有利于胎儿矫正操作。对于正常接产、手术助产、异位矫正无效的母牛,要请兽医进行剖腹产手术。

三 母牛产后护理

(一)产后饲养管理

母牛产后因失水较多,所以应在胎儿产出后喂给温热的含麸皮、盐、钙的稀粥 15 千克左右(麸皮 1~2 千克,食盐 100~150 克,碳酸钙 50 克),可起到暖腹、充饥、增腹压的作用,有利于胎衣排出和体力恢复。注意食盐喂量不可过大,否则会增加乳房水肿程度,同时喂给母牛优质、软嫩的干草 1~2 千克。产后 2~3 天开始喂料,逐渐加量至 5~7 天后恢复正常供给量。

分娩后要尽早驱使母牛站起,以减少出血,也有利于生殖器官的复位,防止子宫脱出。可牵引母牛缓行 15 分钟左右,以后逐渐增加运动量。

(二)产后滋补方法

若母牛产后体质虚弱,食欲不振,可服用以下方剂帮助其恢复消化机能,增强体质。

分娩后半小时,立即一次性饮服"产后营养滋补剂"。配方为:氯化钠 30 克,碳酸氢钠 50 克,骨粉 100 克,酵母 200 克,红糖 500 克,麸皮 500 克,温水 10 千克。

分娩后 1~7 天可补喂"强壮滋补剂"。以下是 1 日量,分 3 次饲喂。配方为:碳酸氢钠 40 克,氯化钠 40 克,人工盐 90 克,酵母 200 克,红糖 200 克,骨粉 230 克,麸皮 1 000 克。

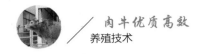

第四节　提高肉牛繁殖力的技术措施

一　合理饲喂

日常营养摄入状况直接影响母牛发情和受孕,因此,通过合理饲喂可以提高母牛繁殖力。

①日粮营养种类丰富、多样,合理添加青绿多汁饲料。

②母牛分娩后至恶露未排净时,应避免饲喂精料,需提高基础日粮水平,保障母牛营养摄入。日常主要供给粗饲料,合理搭配青绿饲料,随着母牛产后恢复,可以每天加入 0.5~1.0 千克精料。

③严禁给母牛饲喂霉变、冰冻饲料或突然更换饲料,以免引发母牛胃肠疾病,进而影响抗病力。

二　日常管理

①适时运动,充足光照。适时运动可以促进母牛发情和自然分娩,保障母牛日常运动量,分娩前可减少运动时间。

②加强牛舍通风换气,做好温湿度管理。

③严禁追打母牛,以防母牛出现应激刺激。

④适时配种。饲养员要留意母牛日常表现,掌握牛群的发情规律,适时配种。

⑤适时淘汰母牛。为降低饲养成本,及时淘汰生殖系统异常、长期流产不孕、老龄化母牛。

三　诱导发情

季节温度骤变、泌乳等均会影响母牛发情和卵巢机能,引发母牛生理性或病理性发情。若母牛长时间不发情或配种后空怀,需要查明原因,并采取适当的治疗技术和诱导发情技术,诱导发情一般是借助外源激素

来进行。

若母牛为生理性乏情,可按每千克体重肌肉注射500万国际单位的孕马血清促性腺激素。若母牛为哺乳期乏情,可按每千克体重肌肉注射1毫升三合激素注射液(苯甲酸雌二醇+黄体酮+丙酸睾酮),同时辅助犊牛早期断奶来促进母牛产后发情。若母牛为病理性乏情,需要查明原因,若是卵泡发育不良,可肌肉注射0.45毫克或子宫内注射0.2毫克氯前列烯醇。

四 调整产犊时间

(一)控制母牛产犊期

合理控制母牛产犊期,有利于牛群有计划地配种、产犊,合理利用牛舍,提高母牛饲养效率。春季青草萌发,有利于恢复母牛膘情,且母牛在4—5月份发情旺盛,其受胎率高,而秋季牧草资源丰富,环境温度适宜,也有利于母牛受胎,因此牛场一般会在春秋两季进行配种。需要牛场根据牛群年龄合理安排配种时间,控制好母牛的产犊期,提高牛群繁殖力。为有效控制母牛产犊间隔,可在母牛分娩后50~60天进行卵巢检查,若发现有黄体,向子宫内投入前列腺素促进黄体溶解,有助于母牛群同期发情。

(二)及时补饲和断奶

给犊牛进行及时补饲和断奶,有助于母牛提早发情,提前受胎。

1.将母牛和犊牛分开饲养

在产犊后4~5天实施分开饲养,并定时哺乳,每天哺乳3~4次,每次30分钟即可。

2.犊牛适时补饲,做好断奶准备

犊牛8日龄时,可人工诱导其采食少量优质精料,到2周龄后可训练其采食新鲜、优质青草。根据犊牛体重和体质进行断奶,一般断奶时间为3~5月龄。

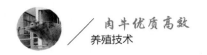

五 防治母牛生殖类疾病

(一)预防

母牛生殖系统是否健康直接关乎其繁殖力高低,因此必须做好母牛生殖系统疾病预防工作,坚持"防重于治"的原则。

①进行人工授精前需要做好用具消毒,授精时对母牛外阴部进行彻底清洗和消毒,工作人员必须遵守操作流程,严禁未消毒的输精枪进入母牛生殖道,以防出现外源污染。

②母牛分娩过程中需要助产,操作人员必须消毒后再操作,以防助产者手臂污染母牛生殖道。

③母牛分娩后需要再次对外阴进行消毒,并投入适量的抗菌药物,降低生殖系统感染概率。

④母牛分娩前 7 天需要彻底清扫和消毒产房,产后保持产房干燥、清洁,为母牛营造舒适环境,促进产后恢复。

(二)治疗

1.阴道炎

每天用清水冲洗,然后用 0.1%高锰酸钾溶液冲洗,并在外阴部和阴道壁均匀涂抹青霉素或其他抗生素软膏。

2.子宫内膜炎

用 0.1%高锰酸钾溶液或高浓度碘甘油溶液清洗,并在子宫内投入适量链霉素、土霉素或磺胺类药物。

3.卵巢囊肿

肌肉注射 0.5~0.6 毫克氯前列烯醇+10~15 毫克地塞米松+80~120 毫克黄体酮,连续注射 2 次,2 次注射之间需要间隔 1 天。

第五章 肉牛育肥技术

肉牛育肥的目的是增加屠宰牛的肉和脂肪，改善肉的品质。从生产角度而言，是为了使牛生长发育的遗传潜力尽量发挥完全，使出售的供屠宰牛达到尽量高的等级，或屠宰后能得到尽量多的优质牛肉，而投入的生产成本又比较适宜。要使牛尽快育肥，供给牛的营养物质必须高于维持和正常生长发育之需要，使构成体组织和贮备的营养物质在牛体的软组织中最大限度地积累。育肥牛实际是利用一种发育规律——在动物营养水平的影响下，在骨骼平稳变化的情况下，使牛体的软组织(肌肉和脂肪)数量、结构和成分发生迅速的变化。

▶ 第一节　肉牛育肥的准备

为确保肉牛育肥能够取得明显成效，在育肥前应做好以下准备工作。

一　牛舍的准备

肉牛育肥一般采用全舍饲或半放牧半舍饲的方式进行，这两种方法都必须要有牛舍。牛舍建设地点应选在有利于通风、排水、采光、向阳及方便饲草饲料进出的地方。根据因地制宜的原则，育肥牛舍要求方便饲养管理和清洁卫生，能保证具有最基本的防暑降温、防寒保暖、遮风挡雨等功能。饲养密度要适宜，过大会引起牛舍内空气潮湿、污浊等，引起牛群发病；过小会造成单位建筑成本的增加，一般圈内面积每头牛约 4 米²。

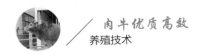
二 饲草、饲料的准备

饲草、饲料是牛育肥的基础,在育肥开始前,应根据育肥牛数量及每头牛每天的采食量计算出整个育肥期所需要的饲草、饲料的总量,并根据所需要的总量储备充足的饲草和饲料,防止因准备不足而频繁更换饲草、饲料种类,从而影响育肥效果。一般整个育肥期所需饲草、饲料与育肥牛品种、育肥方式、出栏目标重等因素密切相关,应根据具体情况进行核算。

三 育肥季节的选择

育肥季节的选择应根据牛肉市场需求量来确定。一般根据国内居民的消费习惯,市场对牛肉的需求旺季主要在每年的 11 月份到翌年的 2 月份,高峰期在元旦至春节。因此,育肥的商品牛在冬季出栏较为适宜。按不同育肥方式的育肥期推算,肉牛的育肥季节选择有所差异。如以集中育肥 3 月期计算,育肥应选在 8—9 月份,此时气温适宜,牧草、农作物秸秆丰富,有利于育肥饲草、饲料的储备和肉牛的快速生长。但随着人们生活水平的提高以及牛肉消费观念的转变,市场对牛肉制品的需求不断增加,预期将来牛肉消费将长期趋于增长趋势。

四 育肥牛的准备

育肥牛首选本场自繁自养的牛,其次选择购入青年牛或架子牛进行育肥,最后选择淘汰牛进行育肥。选好育肥牛后,先根据体形大小、体质强弱合理分群,经过过渡期后,日粮过渡到育肥期的日粮。育肥期间做好相关生产记录,尤其是育肥前重和育肥后重,以便评价育肥效果,适时调整育肥方案,并总结经验与教训。

五 育肥方式的选择

肉牛育肥有几种划分方式。按性能划分可分为普通肉牛育肥和高档肉牛育肥,按年龄划分可分为犊牛育肥、青年牛育肥、成年牛育肥和淘汰牛育肥,按性别划分可分为公牛育肥、母牛育肥和阉牛育肥,按饲料类型划分可分为精料型育肥和前粗后精型育肥,按育肥时间的长短划分可分为持续育肥和后期集中育肥。

(一)持续育肥

持续育肥是指犊牛断奶后,立即转入育肥阶段进行育肥,一直到出栏。持续育肥可采用放牧补饲的育肥方式,也可采用舍饲拴系的育肥方式。

1.放牧育肥方式

放牧育肥是指从犊牛育肥到出栏为止,完全采用草地放牧而不补充任何饲料的育肥方式。适合于人口较少、土地充足、草地广阔、降水量充沛、牧草丰盛的牧区和半农半牧区。如果有较大面积的草山草坡可以种植牧草,夏天青草期除供放牧外,还可保留一部分草地,收割调制青干草或青贮料作为越冬饲用,较为经济,但饲养周期长。这种方式也可称为放牧育肥。

2.半舍饲半放牧育肥方式

夏季青草期牛群采取放牧育肥,寒冷干旱的枯草期把牛群放于舍内圈养,这种半集约的育肥方式称为半舍饲半放牧育肥。这种育肥方式,不但可利用最廉价的草地放牧,节约投入、支出,而且犊牛断奶后可以低营养过冬,在第二年青草期放牧又能获得较理想的补偿增长。采用此种方式育肥,还可在屠宰前有 3~4 月的舍饲育肥,从而达到最佳的育肥效果。

3.舍饲育肥方式

肉牛从育肥开始到出栏为止全部实行圈养的育肥方式称为舍饲育肥。其优点是使用土地少,饲养周期短,牛肉质量好。缺点是投资大,育肥过程中需要较多的精料,育肥成本过高。舍饲育肥又可采用两种方式,即拴饲和群饲。拴饲即将每头牛分别拴系给料,给料量定时,效果较好。其优点是便于管理,饲料报酬高。缺点是拴饲的牛因运动很少,从而影响其生理发育。群饲一般是指将 5~6 头牛分为一群进行饲养,每头牛所占面积为 4 米²,优点是节省劳动力,牛在饲养过程中不受约束,利于生理发育。缺点是一旦发生抢食现象,育肥牛群就会出现体重参差不齐的现象。此外,此种育肥方式的饲料报酬较低,在保证饲料充足的条件下,自由采食效果较好。

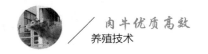
（二）后期集中育肥

后期集中育肥也称强度育肥或快速育肥。即从市场上选购架子牛，经过驱除体内外寄生虫后，利用精料型的日粮（以精料为主搭配少量的秸秆、青干草或青贮饲料），进行3个月左右的短期强度育肥，达到出栏体重即屠宰出售。这种育肥方法消耗精料不多，成本较低，并可增加周转次数，比较经济。常见有以下几种育肥方法。

1.放牧及放牧加补饲育肥

此法简单易行，便于广大养牛户掌握使用，适宜山区、半农半牧区和牧区采用。由于以本地资源为主，花钱少，见效快。犊牛6月龄末强制断奶后，半放牧半舍饲，16~18月龄经驱虫后，实行后期短期快速育肥。

2.秸秆和氨化秸秆舍饲育肥

肉牛在简易的牛棚内拴系饲养，以氨化秸秆为主要饲料，补充精料，以达到一定的饲养水平。

3.青贮料舍饲育肥

青贮玉米是育肥肉牛的优质饲料，若同时补喂一些混合精料，可以达到较高的日增重。

4.微贮秸秆舍饲育肥

秸秆微贮是在适宜的温度、湿度和厌氧条件下，利用微生物活菌发酵秸秆，从而改善秸秆的适口性和饲喂价值。据报道，牛采食微贮秸秆的速度比采食一般秸秆提高30%~45%，采食量增加20%~30%。

5.糟渣类农副产品育肥

用白酒糟和精料育肥肉牛，可取得较高日增重，用豆腐渣喂牛也能取得良好的效果。但酒糟和豆腐渣喂牛要严格控制用量，饲喂过多会引起瘤胃嗳气等疾病。

6.高能日粮强度育肥

对2.5~3岁、体重约300千克的架子牛，可采用高能量（每千克含10.88兆焦以上代谢能）混合料或精料型（70%）日粮进行强度育肥，以达到快速增重、提早出栏的目的。在由粗饲料型日粮向精料型日粮转变时，要有15~20天的过渡期。过渡期要实行一日多餐，防止育肥牛鼓胀病及腹泻的发生。要经常观察反刍情况，发现异常及时治疗，保证饮水充足。

在架子牛催肥期内（包括过渡期），应避免日粮精粗各半的组合（精料、粗料各占 50%）。这样的日粮会降低精料消化率，延长饲养期，增加饲养成本。

▶ 第二节　肉牛快速育肥技术

肉牛的快速育肥通常指架子牛育肥，架子牛的快速育肥是指犊牛断奶后，在较粗放的饲养条件下饲养到一定的年龄时，采用强度育肥方式，集中育肥 3~6 个月，充分利用牛的补偿生长能力，达到理想体重和膘情时屠宰。这种育肥方式成本低，精料用量少，经济效益较高，应用较广。

一　架子牛的选择

架子牛的优劣直接决定着育肥效果与经济效益，选择时主要考虑以下几个方面的因素。

（一）品种

应该选择生产性能、育肥和肉用性能好的品种。如杂交牛，其杂交优势为 15%~25%，育肥效果好；品种来源地应采取就近原则；主要品种应为经济类型，包括肉用型或兼用型。

（二）年龄

牛的增重速度、胴体质量、活重、饲料利用率等都和年龄密切相关。牛的增重速度随年龄而变化，出生到 24 月龄是其生长高峰期；14~24 月龄是体内脂肪沉积高峰期；牛的年龄影响牛肉的品质，因此，育肥牛的年龄最好确定为 12~36 月龄。如果架子牛计划饲养 100~150 天便出售，则应选购 1~2 岁的架子牛；如选择在秋天收购架子牛，第二年再出栏，应选购 1 岁左右的牛，而不适宜购大牛；利用大量粗饲料时，选购 2 岁牛较好。总之，在选择育肥牛时，要把年龄和饲养效益紧密结合考虑。

（三）体重

在选择供育肥的架子牛时，体重指标必须考虑年龄因素，在哪个年

龄档次上应该有多大的体重,并且还要和价格挂钩。如果生产高档牛肉,架子牛体重的选择在 12~18 月龄为优,体重为 250~300 千克;如果生产中档牛肉,架子牛年龄应选择在 2~3 岁,本地黄牛体重为 400~450 千克,肉用牛体重为 600~700 千克。

(四)体形

结合年龄判断架子牛体积的大小,体形较好的架子牛是体躯深长,背部平宽,胸腰臀部宽广且成一直线,十字部应属于肩部,飞节适当高一些;头形应为嘴大、颈短;皮肤宽松;各部位发育匀称,符合本品种牛的特点;健康无缺陷;四肢粗壮,蹄大有力,毛色光亮,性情温顺,遗传资料齐全。

二 架子牛的运输

架子牛在运输过程中,不论是赶运,还是车辆装运,都会因生活条件及规律的变化而改变牛正常的生活节奏,导致生理活动的改变而处于适应新环境条件的被动状态,这种反应称为应激反应。运输距离和时间越长,对育肥牛的发育影响越大,并且疾病发生率升高。因此,架子牛的运输过程很重要,若管理不当,则会发生掉膘和死亡的现象。

①架子牛运输过程中,冬天要注意保温,夏天要注意遮阴。

②为减少应激反应,可采用从运输前 2~3 天开始,每日每头牛口服或注射维生素 A 25 万~100 万国际单位;或在装运前按每 100 千克活重肌肉注射 1.7 毫升氯丙嗪。

③架子牛在装运前要合理饲喂,装运前 2~3 小时牛绝不能过量饮水。

④具有轻泻性的饲料如青贮料、麸皮、新鲜青草等,在装运前 3~4 小时就应停止饲喂,否则容易引起牛只腹泻,排尿过多,污染车厢,弄脏牛体,外观不好,同时还会污染沿途运输路面。

⑤新到架子牛应安置在干净、干燥的地方休息,并提供清洁饮水和适口性好的饲料。对新到架子牛,最好的粗饲料是长干草,其次是玉米青贮和高粱青贮。千万不能饲喂优质苜蓿干草或苜蓿青贮,否则容易引起运输热。用青贮料时最好添加缓冲剂(碳酸氢钠),以中和酸度。

⑥对新到的架子牛,每日每头可喂 2 千克精饲料。方法如下:饲喂 1 千克含过瘤胃蛋白质多的饲料,如玉米蛋白或保护性豆饼,并且前 28 天每日每头牛在上述料内喂 350 毫克抗生素加 350 毫克磺胺类药物,以消除运输热。

⑦新到的架子牛在第一个 28 天内每日每头牛饲喂 1 千克能量饲料和甜菜渣。

⑧新到架子牛一般缺乏矿物质,最好用 2 份磷酸氢钙加 1 份盐让牛自由采食,每日每头补充 5 000 国际单位维生素 A、100 国际单位维生素 E。

三 新购进架子牛的饲养管理

(一)消毒

在准备好育肥计划、出发收购架子牛前一周,应将牛舍粪便清除,用水清洗好;用 2%的火碱溶液对牛舍地面、墙壁进行喷洒消毒;用 0.1%的高锰酸钾溶液对器具进行消毒,最好再用清水清洗一次。

(二)饮水

架子牛经过长距离、长时间的运输,应激反应大,胃肠食物少,体内严重缺水。因此,对牛补水是第一位的工作。第一次饮水,饮水量限制为 15~20 升,切忌暴饮;第二次饮水,应在第一次饮水后 3~4 小时;第三次饮水,可采取自由饮水。第一次饮水时,每头牛补人工盐 100 克;第二次饮水时,水中掺些麸皮效果更好。

(三)饲喂优质干草

当架子牛饮水充足后,便可饲喂优质干草、氨化秸秆,第一次饲喂限量,每头牛 4~5 千克,2~3 天后逐渐增加饲喂量,5~6 天以后才能让其充分采食。

(四)群养时分群

根据架子牛大小强弱分群饲养,在围栏饲养时分群较容易成功。分群的当晚应有管理人员不定时到围栏观察,如有抢斗现象,应及时处理。

(五)围栏内铺垫草

在分群前,围栏内铺些垫草,优质干草更好。其优点是可让牛只采食

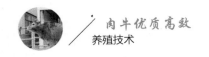
干草,从而减少格斗现象;可以减少架子牛对新环境的陌生感;减少架子牛的应激反应;铺垫草后,架子牛躺卧更舒服,有利于缓解运输疲劳。牛舍要保持干燥,有利于架子牛的健康。

(六)混合精料的饲喂

架子牛到达育肥场的第 1 天,只饲喂优质干草,第 2~3 天起开始饲喂混合精料。混合精料的饲喂量为牛活重的 0.5%,第 5 天之后为架子牛活重的 1%~1.2%,第 14 天之后为 1.6%。

(七)入栏后立即进行驱虫

常用的驱虫药物有丙硫苯咪唑、左旋咪唑等。驱虫应在空腹时进行,以利于药物吸收。驱虫后架子牛应隔离饲养 2 周,其粪便消毒后进行无害化处理。

(八)编号

架子牛进场后要进行编号、称重,做好记录。

四 架子牛的快速育肥技术

架子牛育肥时间的长短根据架子牛开始育肥时的体重、育肥目标等来确定。育肥开始时体重大的育肥时间要短,体重小的育肥时间则长。因此,要及时分群育肥,同时做好育肥计划。

(一)架子牛的饲养技术

一般架子牛快速育肥需要 120 天左右。可以分为三个阶段:过渡驱虫期,约 15 天;第 16 天到第 60 天;第 61 天到第 120 天。

1.过渡驱虫期约15天

对刚买进的架子牛,一定要驱虫,包括驱除内外寄生虫,实施过渡阶段饲养,即首先让刚进场的牛自由采食粗饲料,粗饲料不要铡得太短,长约 5 厘米。上槽后仍以粗饲料为主,可铡成 1 厘米左右。每天每头牛控制喂 0.5 千克精饲料,与粗饲料拌匀后饲喂。精饲料量逐渐增加到 2 千克,尽快完成过渡期。

2.第16~60天

架子牛的干物质采食量要逐步达到 8 千克,日粮粗蛋白质水平为11%,精粗比为 6:4,日增重 1.3 千克左右。精饲料配方为:70%玉米粉,20%

棉籽饼,10%麸皮。每头牛每天 20 克盐和 50 克添加剂。

3.第61~120天

干物质采食量达到 10 千克,日粮粗蛋白质水平为 10%,精粗比为 7:3,日增重 1.5 千克左右。精饲料配方为:85%玉米粉,10%棉籽饼,5%麸皮,30 克盐,50 克添加剂。

(二)架子牛快速育肥管理技术

①架子牛育肥应采用短缰拴系,限制活动,以利于架子牛的育肥。

②饲喂定时定量,本着先粗后精、少给勤添的原则。

③每天上下午各刷拭一次,有利于皮肤健康,促进血液循环,提高肉质。

④经常观察反刍情况、粪便、精神状态,如有异常应及时处理。

⑤随时淘汰处理病牛等不增重或增重慢的牛,要定期了解牛群的增重情况。

⑥及早出栏,达到市场要求体重则出栏,可一小批达标即出栏,以加快牛群的周转,降低饲养成本。

⑦夏季做好防暑降温工作。高温时,应将牛拴系在树荫或四面通风的棚子下,以防阳光的直接照射,及时供给清凉的饮水,最好能让牛自由饮水。冬季应注意保温,有条件的地方,最好喂温水。

▶ 第三节 肉牛高档育肥技术

一 高档牛肉的特征

随着世界经济的发展,人类食品结构发生很大变化,牛肉消费量增加,特别是高档牛肉消费增加。为了适应高档牛肉生产的需要,一些发达国家,如美国、日本、加拿大及欧洲经济共同体都制定了牛肉分级标准。在美国,分 7 个等级,特、优级最好;加拿大分为 A 级、2A 级、3A 级,3A 级最好;日本牛肉分为 A、B、C 三大等级 15 小级,A 级最好;欧盟国家也把

牛肉分为 7 个等级,一级最好。

(一)高档牛肉的标志

我国于 2010 年发布了国家行业标准《牛肉等级规格》(NYT 676—2010),规定了高档牛肉的等级划分标准。高档牛肉的标志应包括以下几个方面:

①大理石花纹等级眼肌的大理石花纹应达到我国试行标准中的 1 级或 2 级。

②牛肉嫩度用特制的肌肉剪切仪测定剪切值为 3.62 千克以下的出现次数应在 65% 以上,牛肉咀嚼容易,不留残渣、不塞牙,完全解冻的肉块用手触摸时,手指易进入肉块深部。

③多汁性高档牛肉要求质地松软、汁多而味浓。

④牛肉风味要求具有我国牛肉的传统鲜美可口的风味。

⑤高档牛肉块的重量每条牛柳应在 2 千克以上,每条西冷重量应在 5.0 千克以上,每条眼肌的重量应在 6.0 千克以上。

⑥胴体表面脂肪覆盖率 80% 以上,表面的脂肪颜色洁白。(表 5-1)

表 5-1 高档牛肉标准

指标		美国	日本	加拿大	中国
屠宰年龄/月		<30	<36	<24	<30
屠宰体重/千克		500~550	650~750	500	530
牛肉品质	颜色	鲜红	樱桃红	鲜红	鲜红
	大理石花纹	1~2 级	1 级	1~2 级	1~2 级
	嫩度(剪切值)	<3.62	—	<3.62	<3.62
脂肪	厚度/毫米	15~20	>20	5~10	10~15
	颜色	白色	白色	白色	白色
	硬度	硬	硬	硬	硬
心、肾盆腔脂肪重量占体重的百分比		3~3.5	—	—	3~3.2
牛柳重/(千克/条)		2.0~2.2	2.4~2.6	—	2.0~2.2
西冷重/(千克/条)		5.5~6.0	6.0~6.64	—	5.3~5.5

(二)高档牛肉的特点

①牛源品种优良。高档牛肉生产所选用的牛种主要为国内外优质品种(品系),如日本和牛、雪龙黑牛组合、安格斯牛和鲁西黄牛等,多具有优良的脂肪沉积性状。

②饲养手段科学完善。高档牛肉生产离不开科学、合理的饲养管理系统,饲养环节能够做到定时、定量,饲料投放则在确保绿色无污染的前提下兼顾营养成分的合理配比。

③育肥期较长。高档牛肉的生产周期相对较长,肉牛的育肥期多在10个月以上,部分高端产品的育肥期更长,为20~24个月。

④肉品品质突出、营养价值高。在外观方面,高档牛肉由于脂肪沉积到肌肉纤维之间,往往会形成明显的红、白相间条纹,状似大理石花纹;肉品口感香、鲜、嫩、滑,入口即化;营养方面,高档牛肉含有大量对人体有益的不饱和脂肪酸,且胆固醇相对较低,更有利于人体健康。其中,"雪花牛肉"是高档牛肉中最高端的产品。

⑤质量全程可控。高档牛肉的生产从选种选配、胚胎移植、饲料饲养、疫病防控到屠宰加工都有完善的质量追溯系统,能够确保生产各个环节质量的可控。

由于上述特点,高档牛肉价格与普通牛肉相比往往较高。目前,国内市售的普通牛肉价格多在60~80元/千克,而高档牛肉在130~170元/千克,部分顶级肉品甚至达到3 000元/千克。

二 肉牛高档育肥技术要点

肉牛高档育肥技术即高档牛肉生产技术。高档牛肉主要是指通过选育优良牛种,同时辅以绿色无污染饲养手段及全程标准化屠宰、加工所获取的高品质、绿色牛肉产品,是肉牛养殖的高级阶段。肉牛高档育肥技术是目前提高养殖效益的重要手段。

(一)品种

目前国内能够生产高档牛肉的品种主要有地方品种及地方品种与安格斯牛、日本和牛、利木赞牛等品种杂交的牛种。实践中有鲁西黄牛、秦川牛、延边黄牛、渤海黑牛、大别山牛、皖南牛等与日本和牛或者安格

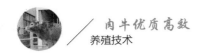

斯牛的二元或者三元杂交牛,或者级进杂交二代牛等。(图5-1)

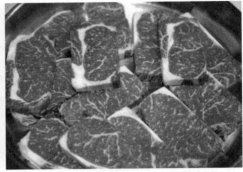

图5-1　高档肥育大别山牛母牛(安徽省农业科学院畜牧兽医研究所肉牛团队与颖上牛哥牧业科技有限公司合作肥育)

(二)性别选择

性别对于牛肉的品质影响较大,无论从风味还是从嫩度、多汁性等方面均有影响。此外,性别对于肉牛的生产性能也有较大影响。综合各方面因素,通常用于生产高档优质牛肉的牛一般要求是阉牛。因为阉牛的胴体等级高于公牛,而生长速度又比母牛快。因此,在生产高档牛肉时,应对育肥牛去势。去势时间应选择在3~4月龄以内进行较好。

(三)年龄选择

生产高档牛肉,开始育肥年龄选择为18~24月龄,此时期不仅是牛的生长高峰期,而且是肉牛体内脂肪沉积的高峰期。如果利用纯种牛生产高档牛肉,出栏年龄不要超过36月龄,利用杂种牛最好不要超过30月龄。因此,对于育肥架子牛,要求育肥前12~14月龄体重达到300千克,经6~8个月育肥期,活重在500千克以上。

(四)科学饲养

生产高档牛肉,要对饲料进行优化搭配,尽量多样化、全价化,按照育肥牛的营养标准配合日粮,正确使用各种饲料添加剂。育肥初期的适应期,应多给草,日喂2~3次,做到定时定量。对育肥牛的管理要精心,饲料、饮水要卫生、干净,无发霉变质。冬季饮水温度应不低于20℃。圈舍要勤换垫草,勤清粪便,每出栏一批牛,都应对厩舍进行彻底清扫和消毒。

1.育肥前期

断奶至12~13月龄,高营养饲料饲喂,一般该期日粮粗蛋白质含量为 14%~19%,总可消化养分为 68%~70%,精饲料采食量控制在牛体重的 1.2%~1.5%,精料占总日粮的 50%~60%。该期注意补钙,多晒太阳,饲养面积每头牛为 6~8 米²,自由活动,自由饮水。

2.育肥中期

肌肉和脂肪细胞发育期,14~20 月龄,采用中等蛋白质水平 13%~16%,能量水平逐步提高。粗饲料采用稻草或麦秸,干物质采食量占体重的 1.2%,先精后粗,自由采食,自由饮水,粗饲料主要用稻草、麦秸等黄色粗料。

3.育肥后期

21 月龄至出栏期,精饲料能量水平进一步提高,蛋白含量在 13%以下。饲料中增加大麦、小麦等促进脂肪坚硬发白的饲料类型。肉质改善期营养要求:日粮中精料比例占 75%~80%,每头牛日采食干物质 7.6~8.5 千克,日增重 1.1 千克。促进育肥牛胴体中肌肉纤维内能夹杂脂肪,形成大理石纹状,在肉质改善期内,牛的肥度逐渐增加,食欲会逐渐减退,加之精饲料的喂量很大,为增加采食量,可将各种饲料混合制成颗粒饲料。饲料中注意维生素 A 的含量。

(五)适时出栏

为了提高牛肉的品质(大理石花纹的形成、肌肉嫩度、多汁性、风味等),应该适当延长育肥期,增加出栏重。出栏时间不宜过早,太早影响牛肉风味,影响整体经济效益;但出栏时间也不宜过晚,太晚肉牛自身体脂肪沉积过多。不可食肉部分增多,而且饲料消耗量增大,也达不到理想的经济效益。中国黄牛体重 550~650 千克,25~30 月龄时出栏较好。此时出栏,体重在 450 千克的屠宰率可达到 60.0%,眼肌面积达到 83.2 厘米²,大理石花纹 1.4 级;体重在 550 千克的屠宰率可达到 60.6%;体重在 600 千克的屠宰率可达到 62.3%,眼肌面积达到 92.9 厘米²,大理石花纹 2.9 级。不同品种牛略有差异。

三 影响高档牛肉生产与牛肉品质的因素

评价牛肉品质主要包括脂肪交杂率(大理石状花纹)程度、嫩度、多汁性、肉色、脂肪颜色、风味等项目。影响高档牛肉生产与牛肉品质的因

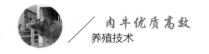
素主要包括以下方面：

（一）遗传

肉牛的发育、体形、产肉性能等全部受到遗传和环境的支配。日增重、胴体规格、脂肪交杂度遗传力分别为0.49、0.07和0.56。这些性状的遗传力相当高，因此要生产高品质的牛肉，必须调查该育肥牛父亲的产肉性能，然后进行育肥。

（二）外貌特征

观察牛的被毛、皮肤、骨骼、角和蹄的优劣。特别是牛的被毛和皮肤与牛肉的质量有着密切的关系。一般被毛、皮肤等形状劣质的话，牛肉的质量差，但皮肤、被毛形状良好的牛，其牛肉质量也不一定良好。

（三）去势

在哺乳期进行去势时，阉牛骨质部变薄、骨髓腔变大，同时提高脂肪交杂度和嫩度，改善肉质。

（四）年龄

骨骼是生后从7~8月龄时发育速度最快，12月龄之后骨骼的发育迟钝。肌肉是生后从8月龄开始到16月龄直线发育，然后肌肉的发育迟钝。脂肪是生后从12月龄开始到16月龄急增，脂肪交杂度是16月龄之后形成的最多。一般是18~24月龄时形成比较明显的大理石花纹。24~25月龄时基本上完成肌肉内的脂肪沉积。

（五）饲料

饲料对肉质的影响主要是脂肪的质量和颜色方面比较明显。牛肉中沉积的脂肪与皮下脂肪应该有一定的硬度和黏度。脂肪的颜色是白色或乳白色为好。

▶ 第四节　育肥牛产品管理

无论是普通育肥牛，还是高档育肥牛，出栏后，均要进行屠宰、分割等一系列步骤，才能作为牛肉产品走上千家万户的餐桌。育肥牛产品管理主要包括出栏牛的屠宰、排酸与嫩化、分割包装以及内脏、牛皮等副产

品处理。

 屠宰

（一）宰前检疫

出栏牛进行屠宰前，由当地检疫部门进行检疫后出具检疫证明书，依据《肉品卫生检验试行规程》做出准宰、禁宰、急宰、缓宰处理。

（二）屠宰

肉用畜体经宰杀、放血、解剖等一系列加工处理过程，最后成为胴体的过程叫作屠宰加工。屠宰加工的方法和程序受各种条件的影响而有所不同，标准化屠宰包括屠宰放血、剥皮去头、去蹄、去尾、内脏剥离等工序。

1.屠宰放血

活牛称重，用机械法在眼睛与对侧牛角两条线的交叉点处将牛电麻或击晕，在牛颈下缘喉头部割开血管放血。

2.剥皮、去头

机械剥皮后，沿头骨后端和第一颈椎间切断去头。

3.去蹄

从腕关节处切断去前蹄，从跗关节处切断去后蹄。

4.去尾

从尾根部第 1~2 节切断去尾。

5.内脏剥离

沿腹侧正中线切开，分离横膈膜，除肾脏、肾脏脂肪和盆腔脂肪保留外剥离取出全部红、白内脏。

6.胴体分割

纵向锯开胸腔和盆腔骨，沿椎骨中央分为左右两半胴体（称二分体），然后转入 4℃成熟车间，48~72 小时后分割。

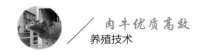

二 冷却、排酸

(一)冷却

牛经屠宰放血后,牛肉温度一般在40℃左右,这一温度是酶类活动性和微生物繁殖生长的最适温度。为了减弱酶的活性,抑制微生物的繁殖生长,必须使牛肉的温度迅速降低,因此胴体应在45分钟内移入预冷间进行吊挂冷却。胴体之间的间距不应小于10厘米。预冷间温度为0~4℃,相对湿度在80%~95%。在36小时内使胴体后腿部、肩胛部中心温度降至7℃以下。牛肉的快速冷却可以防止高温收缩和汁液流失,但也应防止牛肉的寒冷收缩,保持牛肉的高品质。

(二)排酸

生产高档牛肉需要排酸处理,将冷却的牛肉胴体在0~4℃冷库内,悬挂不少于72小时,生产雪花牛肉时排酸可以达到15天。

三 分割

优质高档牛肉的分割应根据用户的需要和要求,一般进行12~17个部位分割,高档肉块主要是牛柳、西冷和眼肉。各个企业可以根据牛胴体状况按标准进行分割创新。下面简要介绍13块分割法流程。

半胴体—四分体—肉块分割—分割肉的剔骨—肉块修整—分割肉块成品(13块)。

(一)温度要求

分割加工间的温度不能高于11℃,分割牛肉中心冷却终温需在24小时内降至7℃以下,分割牛肉中心冻结终温须在24小时内降至－19~－18℃。

(二)分割方法

13块分割肉块的分割方法,半胴体分割后所得的13块分割肉为:里脊、外脊、眼肉、上脑、胸肉、嫩肩肉、臀腰肉、臀肉、膝圆、大米龙、小米龙、腹肉、腱子肉。具体分割方法如下。

1.里脊

里脊又称牛柳,即腰大肌,位于后四分体上。分割方法:在后四分体上将腰椎腹侧面和髂骨外侧面的肌肉沿耻骨前下方把里脊剔出,然后由里脊头向里脊尾,逐个剥离腰椎横突,取下完整的里脊,并除去被覆的脂肪及碎边。

2.外脊

又称西冷,主要是背最长肌,位于后四分体上。分割方法:一端在后四分体腰荐结合处向下切开至腹肋肉腹侧部,另一端沿离眼肌5~8厘米的眼肌腹壁侧切下,在第12~13胸肋处切断胸椎,剥离胸椎、腰椎取下外脊部分,除去碎边并修理整齐。

3.眼肉

眼肉主要包括背阔肌、肋最长肌、肋间肌等。其一端与外脊相连,另一端在第5~6胸椎处,位于前四分体上。分割方法:取下外脊后,沿离眼肌8~10厘米的眼肌腹侧处切下,在第5~6胸椎处切断,剥离胸椎取下眼肉,抽出牛板筋,修理整齐。

4.上脑

上脑主要包括背最长肌、斜方肌等。其一端与眼肉相连,另一端在最后颈椎处,位于前四分体上。分割方法:一端从离眼肌6~8厘米处切下至眼肉的一端,另一端在最后颈椎处切断,剥离胸椎取下上脑,去除筋腱、碎边并修理整齐。

5.胸肉

主要包括胸升肌和胸横肌等,位于前四分体上。分割方法:在剑状软骨处,沿胸肉的自然走向剥离,除去胸肌内侧的脂肪和腹侧缘的白色纤维即成一块完整的胸肉。

6.嫩肩肉

又称辣椒条,主要是三角肌,位于前四分体上。分割方法:沿眼肉横切面的前端继续向前分割,可得一圆锥形的肉块,除去被覆的脂肪即为嫩肩肉。

7.小米龙

又称小黄瓜条,主要是半腱肌,位于后四分体上。分割方法:小米龙位于臀部,取下牛后腱子后,小米龙肉块处于最明显的位置,沿臀股二头肌与半腱肌之间的自然缝取下半腱肌,并除去周围的脂肪和结缔组织,即为小米龙。

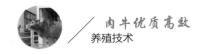
8.大米龙

大米龙又称大黄瓜条,主要是臀股二头肌,位于后四分体上。分割方法:大米龙与小米龙紧密相连,剥离小米龙后大米龙就完全暴露,顺着该肉块自然走向剥离,便可得到一块完整的四方形肉块,除去其周围的脂肪和结缔组织,即为大米龙。

9.臀肉

主要包括半膜肌、内收肌、股薄肌等,位于后四分体上。分割方法:把大米龙、小米龙剥离后可见一肉块,沿其自然缝边缘分割可得到一肉块,除去周围的脂肪、结缔组织和淋巴组织即可得臀肉。此外,沿着被切开的盆骨外缘,再沿此肉块边缘分割也可得到臀肉。

10.膝圆

又称和尚头、霖肉,主要是臀股四头肌,位于后四分体上。分割方法:当大米龙、小米龙、臀肉取下后,沿此肉块周边的自然缝剥离,便可得到一块完整的肉块,除去阔筋膜张肌、附着的脂肪和髂下淋巴结即得膝圆。

11.臀腰肉

主要包括臀中肌、臀深肌、股阔筋膜张肌,位于后四分体上。分割方法:在小米龙、大米龙、臀肉、膝圆取出后,只剩下最后一块肉,将其取下,并除去周围的脂肪和结缔组织等即为臀腰肉。

12.腹肉

主要包括腹内斜肌和腹外斜肌等。分割方法:在后1/4胴体上从腹股沟浅淋巴结开始,切开腹直肌,沿臀部轮廓向前延伸至最后肋骨处得到一大块肉,除去腹侧缘表面的结缔组织后所得的肉块即为腹肉。

13.腱子肉

又称牛展,包括前腱子肉和后腱子肉,主要是前后腿的伸肌群和屈肌群,位于前、后四分体上。分割方法:前腱子肉从尺骨端下刀,剥离骨头取下;后腱子肉从胫骨上端下刀,剥离骨头取下,取下的肉块需要进一步修整以除去表面的结缔组织筋膜。

四 包装规格

(一)纸箱要求

要求包装纸坚固、清洁、干燥、无毒、无异味、无破损,每箱净重25千克,超过或不足者只准整块调换,不得切割整块肉。不同部位肉切忌混箱包装。

(二)分割肉块包装规范

1.外脊

将两端向中间轻微聚拢卷包,保持原肉形状。

2.里脊

将里脊头拢紧,用无毒塑料薄膜包卷,牛柳过长可将尾端回折少许包卷。

3.眼肉、上脑

用无毒塑料薄膜包卷,保持原肉形状。

4.臀肉、膝圆、米龙、黄瓜条、牛前柳

均用无毒塑料薄膜逐块顺着肌肉纤维卷包。

5.牛腩

将肋骨迹线面向箱的底部,用无毒塑料薄膜与上层肉块隔开。

6.牛胸

用无毒塑料薄膜间隔,摆放平整、无空隙,底部与上部肉块的摆放方法均是带肋骨迹线的一面朝外。

7.牛腱

用无毒塑料薄膜分层间隔,牛腱的腹面向箱底。

8.牛前

用无毒塑料薄膜包装,带肌膜的面朝外,装箱要求平整无空隙。

五 副产品处置

肉牛屠宰后,除主要产品牛肉外,还包括副产品牛皮、牛骨、牛血、内脏等。牛皮通常会出售至皮革厂进行加工,牛骨、牛血和内脏进行简单加

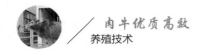

工后出售至食品企业。

(一)牛骨

屠宰场通常会将牛骨进行分割后出售至食品企业或消费者,也可以进行骨油提取,制成骨粉产品、骨蛋白胨、骨明胶等。

(二)牛血

牛血可以提取血红素、凝血酶、制备超氧化物歧化酶、食用蛋白、氨基酸粉等,也可制作牛血肠等。

(三)内脏

内脏经过一定处理后通常会以牛杂的形式进入餐饮业。牛肝可以用来提取牛肝粉,牛心和牛肝可以用来制作牛肉味香精,小肠可以用来制备肝素钠精品,牛心可以制备细胞色素 C 精品。

第六章

肉牛营养需要与饲料资源利用

▶ 第一节　肉牛营养需要

一　能量需要

能量是维持生命活动或生长、繁殖、生产等所必需的。牛需要的能量来自饲料中的碳水化合物、脂肪和蛋白质,但主要是碳水化合物。碳水化合物在瘤胃中被微生物分解为挥发性脂肪酸、二氧化碳、甲烷等。挥发性脂肪酸被瘤胃壁吸收,成为牛能量的主要来源。

(一)肉牛的能量体系和能量单位

我国将肉牛的维持和增重所需能量统一采用综合净能表示,并以肉牛能量单位表示能量价值〔RND(汉语拼音字母),BCEU(beef cattle energy unit)〕。其计算公式如下:

饲料综合净能值(NE_{mf},兆焦/千克)$=DE\times[(K_m\times K_f\times1.5)/(K_f\times K_m\times0.5)]$

式中,DE:饲料消化能(兆焦/千克);

K_m:消化能转化为维持净能的效率;

K_f:消化能转化为增重净能的效率。

肉牛能量单位(RND)是以1千克中等玉米(二级饲料玉米,干物质88.4%,粗蛋白质8.6%,粗纤维2.0%,粗灰分1.4%,消化能16.40兆焦/千克干物质,$K_m=0.6241$,$K_f=0.4619$,$K_{mf}=0.5573$,$NE_{mf}=9.13$兆焦/千克干物质)所含的综合净能值8.08兆焦/千克为一个肉牛能量单位,即RND$=NE_{mf}$(兆焦)/8.08。

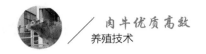

1.维持需要

我国肉牛饲养标准(2000,2004)推荐的计算公式为：

NE_m(千焦/天)= $322W^{0.75}$

其中，W 表示牛的体重(千克)。此数值适合于在中立温度、舍饲、有轻微活动和无应激环境条件下使用，当气温低于12℃时，每降低1℃，维持能量消耗需增加1%。

2.增重需要

肉牛的能量沉积就是增重净能 NE_g，其计算公式(Van Es,1978)如下：

NE_g(千焦/天)= $[\Delta W \times (2\ 092 + 25.1 \times W)] / (1 - 0.3 \times \Delta W)$

肉牛的综合净能需要为：$NE_{mf} = (NE_m + NE_g) \times F$

式中，ΔW：日增重(千克/天)；

W：体重(千克)；

F：不同体重和日增重的肉牛综合净能需要的校正系数，校正系数(F)见表6-1。

表6-1 不同体重和日增重的肉牛综合净能需要的校正系数(F)

体重/千克						日增重					
0	0.3	0.4	0.5	0.6	0.7	0.8	0.9	1.0	1.1	1.2	1.3
150～200	0.850	0.960	0.965	0.970	0.975	0.978	0.988	1.000	1.020	1.040	1.060
225	0.864	0.974	0.979	0.984	0.989	0.992	1.002	1.014	1.034	1.054	1.074
250	0.877	0.987	0.992	0.997	1.002	1.005	1.015	1.027	1.047	1.067	1.087
275	0.891	1.001	1.006	1.011	1.016	1.019	1.029	1.041	1.061	1.081	1.101
300	0.904	1.014	1.019	1.024	1.029	1.032	1.042	1.054	1.074	1.094	1.114
325	0.910	1.020	1.025	1.030	1.035	1.038	1.048	1.060	1.080	1.100	1.120
350	0.915	1.025	1.030	1.035	1.040	1.043	1.053	1.065	1.085	1.105	1.125
375	0.921	1.031	1.036	1.041	1.046	1.049	1.059	1.071	1.091	1.111	1.131
400	0.927	1.037	1.042	1.047	1.052	1.055	1.065	1.077	1.097	1.117	1.137
425	0.930	1.040	1.045	1.050	1.055	1.058	1.068	1.080	1.100	1.120	1.140
450	0.932	10.42	1.047	1.052	1.057	1.060	1.070	1.082	1.102	1.122	1.142
475	0.935	1.045	1.050	1.055	1.060	1.063	1.073	1.085	1.105	1.125	1.145
500	0.937	1.047	1.052	1.057	1.062	1.065	1.075	1.087	1.107	1.127	1.147

肉用生长母牛的维持净能需要也为 $322W^{0.75}$。增重净能需要按照生长肥育牛的110%计算。

(二)繁殖母牛的能量需要

1.妊娠后期母牛的能量需要

根据国内 78 头妊娠母牛饲养试验的结果,维持净能需要为 $322W^{0.75}$,不同妊娠天数每千克胎儿增量需要维持净能为:

$$NE_m（兆焦）= 0.19769t-11.76122$$

式中:t 为妊娠天数。

不同妊娠天数不同体重母牛的胎儿日增重为:G_w（千克/天)=（0.00879t-0.85434）×（0.1439+0.003558W）

W:妊娠母牛的活重。

妊娠净能校正为维持净能的计算公式为:$NE_c=G_w×(0.19769t-11.76122)$

妊娠综合净能需要量计算公式为:$NE_{mf}=(NE_m+ NE_c)×0.82$

2.哺乳的能量需要

维持净能需要(NE_m,兆焦)为 $0.322W^{0.75}$,泌乳的净能需要按每千克 4%的标准乳含 3.138 兆焦计算。二者之和乘 0.82 即为综合净能需要。

二 蛋白质需要

(一)维持需要

根据国内的氮平衡试验结果,我国肉牛饲养标准(2000,2004)建设,肉牛维持的粗蛋白质需要为 $5.43W^{0.75}$。维持的小肠可消化粗蛋白质的需要量计算公式为:

$$IDCP_m=3.69×W^{0.75}$$

$IDCP_m$:维持的小肠可消化粗蛋白质的需要量;

W:体重(千克)。

(二)增重需要

肉牛增重的净蛋白质需要量(NP_g)为动物体组织中每天蛋白质沉积量,是根据从每千克增重中蛋白质含量和每天增重计算得到的。增重蛋白质沉积也随着动物活重、生长阶段、性别、增重率变化而变化。

生长牛增重的蛋白质沉积 （克/天)=ΔW×（168.07-0.16869×W+0.0001633×W^2)×（1.12-0.1233×ΔW)。生长公牛在此基础上增加 10%。

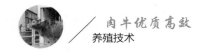
式中,W:体重(千克);ΔW:日增重(千克)。

增重的粗蛋白质需要(克)=增重的蛋白质沉积(克/天)/0.34

以肉牛育肥上市期望体重 500 千克,体脂肪含量为 27%作为参考,增重的小肠可消化蛋白质需要量计算公式如下:

$$NP_g=\Delta W\times\left[268-7.026\times(NE_g/\Delta W)\right]$$

当 $W\leqslant330$ 千克时,$IDCP_g=NP_g/(0.834-0.0009\times W)$

当 $W>330$ 千克时,$IDCP_g=NP_g/0.492$

NP:净蛋白质需要量(克/天);

W:体重(千克);

$IDCP_g$:增重小肠可消化粗蛋白质需要量(克/天);

ΔW:日增重(千克/天);

0.492:小肠可消化粗蛋白质转化为增重净蛋白质的效率;

NE_g:增重净能(兆焦/天)。

(三)妊娠需要

妊娠的粗蛋白质需要按牛妊娠各阶段子宫和胎儿所沉积的蛋白质进行计算。妊娠 6 个月时粗蛋白质需要量是 77 克/天,7 个月时是 145 克/天,8 个月时是 225 克/天,9 个月时是 403 克/天。

小肠可消化粗蛋白质用于妊娠肉用母牛胎儿发育的净蛋白质需要量用 NP_c 来表示,具体根据犊牛出生重量(CBW)和妊娠天数计算。其模型建立依据是以海福特青年母牛妊娠子宫及胎儿测定结果为基础(Ferrell 等,1967),计算公式如下:

$$CBW=15.201+0.0376\times W$$

$$NP_c=6.25\times CBW\times\left[0.001669-(0.00000211\times t)\right]\times e^{(0.0278-0.0000176\times t)\times t}$$

$$IDCP_c=NP_c/0.65$$

NP_c:妊娠小肠可消化粗蛋白质需要量(克/天);

t:妊娠天数;

0.65:妊娠小肠消化粗蛋白质转化为妊娠净蛋白质的效率;

CBW:犊牛出生重(千克);

W:妊娠母牛活重。

(四)哺乳需要

泌乳的蛋白质需要量根据牛奶中的蛋白质含量实测值计算。

粗蛋白质用于奶蛋白的平均效率为 0.60,泌乳的粗蛋白质需要量按每千克 4%乳脂率标准乳需蛋白质 85 克计算。

小肠可消化粗蛋白质用于奶蛋白质合成的效率为 0.70,泌乳的小肠可消化粗蛋白质需要量=每日乳蛋白质产量(克)/0.70。

三 矿物质需要

(一)钙

肉牛的钙需要量 (克/天)=[0.0154×W+0.071×日蛋白质沉积 (克)+1.23×日产奶量(千克)+0.0137×日胎儿增重(克)]÷0.5。

W:体重(千克)。

(二)磷

肉牛的磷需要量 (克/天)=[0.0280×W+0.039×日蛋白质沉积 (克)+0.95×日产奶量(千克)+0.0076×日胎儿增重(克)]÷0.85。

W:体重(千克)。

日蛋白质沉积(克)=(268−29.4NE_g/ΔW)。

NE_g:增重净能(Mcal);ΔW:日增重(千克)。

(三)食盐

肉牛的食盐给量应占日粮干物质的 0.3%。牛饲喂青贮饲料时,需食盐量比饲喂甘草时多,饲喂青绿多汁的饲料时要比饲喂枯老饲料时多。

(四)维生素需要

1.维生素A和胡萝卜素

肉牛的维生素 A 需要量:生长育肥牛每千克饲料干物质 2200 国际单位,相当于 5.5 毫克胡萝卜素;妊娠母牛为 2 800 国际单位,相当于 7.0 毫克胡萝卜素;泌乳母牛为 3 800 国际单位,相当于 9.75 毫克胡萝卜素。

2.维生素D

肉牛的维生素 D 需要量为每千克饲料干物质 275 国际单位。

3.维生素E

正常饲料中不缺乏维生素 E。犊牛日粮中需要量为每千克饲料干物

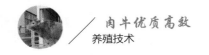
质含 25 国际单位,成年牛为 15~16 国际单位。

(五)干物质需要

干物质进食量受体重、增重水平、饲料能量浓度、日粮类型、饲料加工、饲养方式和气候等因素的影响。根据国内饲养试验结果,参考计算公式如下:

1.生长育肥牛

干物质进食量(千克/天)=$0.062W^{0.75}+(1.5296+0.00371\times W)\times\Delta W$

2.妊娠后期母牛

干物质进食量(千克/天)=$0.062W^{0.75}+(0.790+0.005587\times t)$

W:体重(千克);

ΔW:日增重(千克);

t:妊娠天数。

▶ 第二节 肉牛常用饲料

国际上,饲料分为能量饲料、蛋白饲料、粗饲料、青绿饲料、青贮饲料、矿物质饲料、维生素饲料和添加剂饲料 8 种类型。中国饲料数据库根据国际饲料分类结合中国传统饲料分类习惯,将饲料分成 17 个亚类,即青绿多汁类饲料、树叶类饲料、青贮饲料、块根(茎)瓜果类饲料、干草类饲料、农副产品类饲料、谷实类饲料、糠麸类饲料、豆类饲料、饼粕类饲料、糟渣类饲料、草(树)籽类饲料、动物性饲料、矿物质饲料、维生素饲料、饲料添加剂和油脂类饲料。

肉牛的饲料来源广泛,一般的谷物、谷物加工副产物、植物体(秸秆、草类)、矿物质、水等都可以作为肉牛的饲料。习惯上把肉牛的饲料分为精饲料和粗饲料。精饲料主要提供能量和蛋白质,粗饲料主要提供部分能量、蛋白质以及其他营养。从营养上把饲料分为能量饲料、蛋白质饲料、矿物质饲料(添加剂)和维生素补充料。不同种类的饲料拥有不同的营养成分、物理性质、消化特性。不同的调制、配合方法,其消化率、利用率、饲用效果差异很大,饲料的加工、调制、配合,目的是提高饲料的可利

用率、消化率,目标是满足肉牛营养需要和平衡,以获得良好养殖效果的关键。(图6-1)

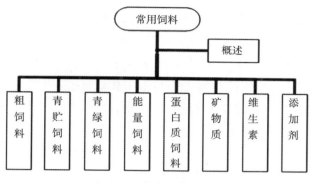

图6-1 肉牛常用饲料类型

一 能量饲料

能量饲料是指干物质的粗纤维低于18%,粗蛋白低于20%,消化能大于10.46兆焦/千克的饲料。常见的有谷实类(如玉米、高粱、稻谷、小麦、大麦、黑麦、燕麦、荞麦、粟等)、糠麸类(如小麦麸、米糠)以及块根块茎类(如甘薯、木薯)和油脂等。

(一)谷实类

常用的包括玉米、高粱、小麦、大麦、稻谷等。无氮浸出物高,以淀粉为主,粗纤维低,能值高,蛋白质量差。

1.玉米

又名苞米、苞谷等,淀粉含量在60%以上,粗蛋白含量9%,有一定的粗脂肪,粗纤维低,消化率高,可提供饲料里1/3的蛋白和绝大部分能量,被誉为"饲料之王"。在常见饲料中,玉米的肉牛净能值最高,因此,玉米在配合饲料里的比重最大,添加量一般占60%~70%。籽粒水分往往高于20%,贮存中容易发霉变质,引起霉菌毒素污染,作为饲料原料配合使用时,应注意检测黄曲霉毒素。

在我国,玉米亩产较高,平均420千克/亩,食用和饲料需求量大,玉米种植面积最大,占我国一半耕地面积,约6亿亩,总产量超26 000万吨,其中70%作为饲料,20%食用,10%作为工业原料。工业上用于淀粉制

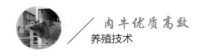
糖、制药和发酵制酒。

2.大麦和小麦

大麦蛋白质含量为 12%~13%，是谷实类饲料中含蛋白质较多的饲料，大麦种子有一层外壳，粗纤维含量较高，约为 7%，无氮浸出物较低。大麦是喂肉牛的好饲料，压扁或粉碎饲喂更为理想，但不宜粉碎得太细，也不能整粒饲喂。小麦的营养价值与玉米相似，蛋白质含量 14.7%。喂肉牛，小麦占精料的比例不应超过 50%，否则，会引起消化障碍。喂前应碾碎或粉碎。

3.稻谷

亩产最高可以达到 470 千克/亩。种植面积仅次于玉米。稻谷粗纤维含量约 10%，粗蛋白质含量约 8%。去掉壳的稻谷称糙大米，粗纤维含量为 2%，蛋白质为 8%，用量为 25%~50%。糙大米的营养价值比稻谷高。

4.高粱

籽实与玉米的养分含量相似，谷实类能量饲料中，淀粉含量最高，净能值高，但高粱种皮、籽粒含有 0.2%~0.5%单宁，影响氨基酸和能量的利用效率。低单宁含量的高粱籽实可以作为日粮中小麦和玉米理想的替代物，精料中可以加入 10%~25%籽粒用作配料，一般不超过 30%。高粱是 C⁴ 植物，抗旱节水、耐贫瘠、生物产量高，对沙荒地、盐碱沙地、山坡等边际土地有很大改善作用，是缓解土地沙漠化适宜种植的品种。尤其在黄土高原地区，大量种植，能改善当地环境，增加经济效益，带动畜牧业的发展。

(二)糠麸类

糠麸类饲料主要是谷实的种皮、糊粉层、少量的胚和胚乳。粗纤维含量 9%~14%，粗蛋白质含量 12%~15%，钙磷比例不平衡，磷含量约 1%。主要指小麦麸和米糠。受加工工艺和原材料等影响，营养成分不稳定，一般蛋白含量 15%左右，粗纤维 6%左右，淀粉含量为谷实类 50%左右，属于中低档能量饲料。

1.小麦麸

俗称麸皮，是以小麦籽实为原料，加工面粉后的副产物。粗纤维含量约 10%，无氮浸出物约 58%，对肉牛的代谢能为 9.66 兆焦/千克，粗蛋白质含量为 13%~16%，适口性好，肉牛饲料可以添加 10%~30%。

2.米糠

是稻谷加工成大米时分离出的种皮、糊粉层和胚 3 种物质的混合物,不包括稻壳。米糠含粗纤维 10.2%,无氮浸出物小于 50%,粗蛋白质含量为 13.4%,粗脂肪为 14.4%。粗脂肪中不饱和脂肪酸较高,易酸败,不易贮藏。钙、磷比例不平衡,约为 1:15。

(三)块根块茎类

块根块茎类饲料也称多汁饲料,包括胡萝卜、甘薯、木薯、马铃薯、饲用甜菜和芜菁等。水分含量 60%~70%,不易保存,需要经晒干或人工干燥后,粉碎制成粉末,作为饲料原料使用。甘薯干或木薯干,淀粉含量 60%~70%,脂肪含量极低,有效能值高,但木薯块根含有的生氰糖苷易水解形成氢氰酸,含量 15~400 毫克/千克,其皮层比肉质部高 5 倍,实际饲用需要去毒处理,可作为能量饲料部分替代玉米。根据中华人民共和国国家标准《饲料卫生标准》规定,饲料用木薯干的氢氰酸允许量不超过 100 毫克/千克。(表 6-2)

表 6-2　部分能量饲料常规营养成分和肉牛维持净能、增重净能表

饲料名称	常规营养成分												肉牛维持净能 NE_m 兆焦/千克	肉牛增重净能 NE_g 兆焦/千克
	DM %	CP %	EE %	CF %	NFE %	Ash %	NDF %	ADF %	淀粉 %	钙 %	磷 %	有效磷 %		
玉米	88.0	9.0	3.5	2.8	71.5	1.2	9.1	3.3	61.7	0.01	0.31	0.09	9.21	7.03
高粱	88.0	8.7	3.4	1.4	70.7	1.8	17.4	8.0	68.0	0.13	0.36	0.09	7.79	5.44
小麦	88.0	13.4	1.7	1.9	69.1	1.9	13.3	3.9	54.6	0.17	0.41	0.21	8.75	6.49
大麦	87.0	13.0	2.1	2.0	67.7	2.2	10.0	2.2	54.0	0.04	0.39	0.12	8.33	5.99
稻谷	86.0	7.8	1.6	8.2	63.8	4.6	27.4	13.7	63.0	0.03	0.36	0.15	7.53	5.36
小麦麸	87.0	15.7	3.9	6.5	56.0	4.9	37.0	13.0	22.6	0.11	0.92	0.32	6.99	4.56
米糠	90.0	14.5	15.5	6.8	45.6	7.6	20.3	11.6	27.4	0.05	2.37	0.35	8.58	5.86
甘薯干	87.0	4.0	0.8	2.8	76.4	3.0	8.1	4.1	64.5	0.19	0.02	—	7.74	5.57
木薯干	87.0	2.5	0.7	0.7	79.4	1.9	8.4	6.4	71.6	0.27	0.03	0.03	6.99	4.69

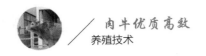

（四）油脂

油脂的能量是碳水化合物的 2.25 倍,属高能量饲料,在牛日粮内占 2%~5%。在饲料内添加油脂,可以提高能量浓度,控制粉尘、除尘设备磨损,增加适口性。油脂还可以作为某些微量营养成分的保护剂。目前用作肉牛饲料的脂肪主要有脂肪酸钙、菜籽油、豆油等。脂肪内应加抗氧化剂。

二 植物性蛋白饲料

蛋白饲料指的是干物质粗纤维含量低于 18%,粗蛋白含量高于 20% 的饲料,包括植物性蛋白和动物性蛋白。前者包括豆类籽实、饼粕类等,后者包括鱼粉、肉骨粉、血粉、羽毛粉等。根据疾病防控的要求,反刍动物饲料中禁止添加动物性饲料。下面主要介绍植物性蛋白饲料。

（一）豆类谷物籽实类

豆类谷物籽实类主要指大豆,大豆氨基酸组成合理,对动物来说,是非常优质的植物蛋白。粗蛋白 35%,粗脂肪(植物油)17%,粗纤维少,有效能值较高。当配合饲料使用时,可作为高能量饲料利用。钙含量较低,总磷 1/3 是植酸磷,使用时需考虑钙磷平衡问题。

大豆含有热不稳定性的抗营养因子,如胰蛋白酶抑制因子、尿素酶等,作为饲料原料添加时可通过加热或蒸汽挤压处理,降低抗营养因子的活性。此外,大豆内还有热稳定性的抗营养因子,如大豆抗原球蛋白,特别是大豆球蛋白和 β–伴大豆球蛋白会引起幼龄畜禽肠道过敏反应,发生腹泻,影响成活率。因此,大豆作为主要蛋白饲料来源时,要特别注意添加量和加工处理。

（二）豆类谷物籽实饼粕类

豆类谷物籽实饼粕类指豆类谷物籽实作为原料,经过压榨或浸提法取油后的副产物。氨基酸比较全面,粗蛋白含量比籽实高,但粗纤维含量更高。压榨法取油后的副产物,被称为饼,如大豆饼、菜籽饼等;浸提法取油后的副产物被称为粕,如大豆粕、菜籽粕等。受到原材料、加工工艺等影响,饼粕质量不一。经过取油后的饼粕残脂含量不会太高,浸提法取油比压榨法提得更干净,残脂更少,更易保存,且粕的粗蛋白含量比饼的更高。需要注意的是,有的谷物籽实制成的饼粕有一定的抗营养因子,如菜籽饼(粕)和棉籽饼(粕)在使用时,需要预先脱毒处理。

1.大豆饼

大豆饼(粕)是以大豆为原料取油后的副产物。粗蛋白40%以上,粗纤维在所有饼粕中,含量最低。富含限制级氨基酸且含量高,是蛋白饲料中的当家品种,我国饲料蛋白的主要来源。生产上,一般用加热来破坏大豆里的胰蛋白酶等营养因子,因此,温度控制是大豆饼粕质量好坏的关键。温度过高,会使蛋白质变性,降低饼粕营养价值;温度过低,不足以灭活抗营养因子活性,同样也会影响蛋白的利用效率。

目前,我国大豆75%用于取油,按出饼粕率88%计算,年产约8 000万吨豆粕。然而我国大豆80%依赖进口,2020年进口数量超过1亿吨,国际市场豆粕价格上涨较快且不稳定,给国内养殖发展带来困扰。因此,我国正大力推广多元配方、"豆粕减量"工作,推行低蛋白日粮。

2.菜籽饼

菜籽饼(粕)是以菜籽为原料,压榨或浸提后的副产物,是我国主要油料产品,菜籽饼(粕)粗蛋白35%以上。粗纤维较高,约12%,植酸磷占比较高,有效能值比大豆饼(粕)低。菜籽出饼率约70%。抗营养因子,主要有芥子酸、硫代葡萄糖苷、单宁等,影响适口性和动物生长。其中,芥子酸是引起菜籽饼(粕)适口性差的主要原因,而硫代葡萄糖苷本身无毒,但易水解成恶唑烷硫酮OZT、异硫氰酸酯等有毒物质,会导致甲状腺肿大。目前,油菜向无毒或低毒品种方向培育,低硫代葡萄糖苷、低芥酸,甚至粗纤维也降低了,几乎可以替代80%豆饼。发展潜力很大。

3.棉籽饼

棉籽饼(粕)是以棉籽为原料,经脱壳、去绒、再取油后的副产物。棉籽出饼率约50%,其粗蛋白35%以上,氨基酸平衡,植酸磷占2/3,若不去壳,则粗纤维含量高,约10%,去壳棉籽饼(粕)算高档蛋白饲料。棉籽含游离棉酚抗营养因子。有资料显示,添加棉酚0.03%(0.3克/千克)干物质以上对反刍动物有毒害作用,0.02%以上对家禽有害。在精料中使用可以不脱毒,但要限量饲喂,牛等反刍动物日粮添加量小于20%。

4.花生饼

花生饼(粕)是以脱壳后的花生仁为原料,提油后的副产物。我国主

要油料产品,产量30%食用、留种,70%用于提油,出饼率65%,花生饼(粕)粗蛋白45%,高于豆饼5%,但蛋白质质量不如豆饼。粗纤维较低,花生壳含60%粗纤维,居粗饲料之首,而粗纤维与有效能值呈强负相关,故最好脱壳后添加使用。钙、磷含量低,总磷约40%植酸磷。

(三)酒糟类(如玉米DDGS)

玉米DDGS(Corn Dried Distillers Grains with Solubles),即玉米干酒糟及其可溶物,是可溶性干酒糟(DDS,Distillers Drier Solubles)与干酒糟(DDG,Distillers Drier Grains)的混合物,生产乙醇的副产物。原料不同,DDG和DDS比例不同等,造成DDGS营养差异大。总体来说,玉米DDGS淀粉含量低,粗纤维低,粗蛋白高达28%,粗脂肪高达13.7%,富含大量水溶性维生素和脂溶性维生素E,不含抗营养因子,过瘤胃蛋白多,且氨基酸平衡状况好,日粮中添加效果好,是公认的优质蛋白饲料原料,而且价格低,是理想的豆饼(粕)替代品。但水分大,易滋生霉菌,特别需要注意黄曲霉菌情况,可以添加防霉剂或吸附剂降低影响。不饱和脂肪酸含量高,易氧化腐败,一般冬季保存3个月,夏季保存1个月。(表6-3)

表6-3 2020年中国部分饲料营养价值表(第31版本)

饲料名称	常规营养成分												肉牛维持净能 NE_m 兆焦/千克	肉牛增重净能 NE_g 兆焦/千克
	DM %	CP %	EE %	CF %	NFE %	Ash %	NDF %	ADF %	淀粉 %	钙 %	磷 %	有效磷 %		
大豆	87.0	35.5	17.3	4.3	25.7	4.2	7.9	7.3	2.6	0.27	0.48	0.12	9.04	5.94
大豆饼	89.0	41.8	5.8	4.8	30.7	5.9	18.1	15.5	3.6	0.31	0.50	0.13	8.46	5.69
大豆粕	89.0	44.2	1.9	5.9	28.3	6.1	13.6	9.6	3.5	0.33	0.62	0.16	8.71	6.2
棉籽饼	88.0	36.3	7.4	12.5	26.1	5.7	32.1	22.9	3.0	0.21	0.83	0.21	7.49	4.73
棉籽粕	90.0	47.0	0.5	10.2	26.3	6.0	22.5	15.3	1.5	0.25	1.10	0.28	7.45	4.73
菜籽饼	88.0	35.7	7.4	11.4	26.3	7.2	33.3	26.0	3.8	0.59	0.96	0.20	6.66	3.89
菜籽粕	88.0	38.6	1.4	11.8	28.9	7.3	20.7	16.8	6.1	0.65	1.00	0.25	6.57	3.98
花生仁饼	88.0	44.7	7.2	5.9	25.1	5.1	14.0	8.7	6.6	0.25	0.53	0.16	9.92	7.24
花生仁粕	88.0	47.8	1.4	6.2	27.2	5.4	15.5	11.7	6.7	0.25	0.56	0.17	8.79	6.2
玉米DDGS(脱水)	89.2	27.5	10.1	6.6	39.9	5.1	38.3	12.5	4.2	0.06	0.71	0.48	7.79	6.57

三 矿物质饲料

矿物质饲料是补充动物矿物质需要的饲料。包括人工合成的、天然单一的和多种混合的矿物质饲料，以及配合有载体或赋形剂的痕量、微量、常量元素补充料。常用的矿物质饲料包括食盐、石粉、磷酸钙、磷酸氢钙、磷酸二氢钙等。

（一）食盐

饲用食盐规格较多，生产中使用的有粗盐和精盐。粗盐含氯化钠95%，精盐含氯化钠99%以上。食盐除提供钠和氯元素外，还有刺激食欲、促进消化的作用。肉牛精饲料中食盐配合量一般为0.6%。

（二）石粉

石粉的主要成分为碳酸钙，其中钙含量为35%~39%。天然的石灰石只要铅、砷、氟的含量不超过安全系数，都可用作饲料。

（三）磷酸钙

脱氟磷矿石含磷12.6%，含钙26.0%，注意其氟含量是否超标。

（四）磷酸氢钙

也称磷酸二钙，含磷19.0%，含钙24.3%，钙、磷比平衡。

四 维生素饲料

维生素饲料添加的形式往往不同于生物体内维生素活性物质的存在形式，需要根据批准的标准使用。常见添加的维生素有维生素 A、维生素 D、维生素 E、维生素 B_{12} 等。在犊牛瘤胃发育正常以前，B 族维生素必须由日粮补给；而成年牛由瘤胃微生物合成，不需要日粮供应。然而维生素 A、维生素 D、维生素 E 不能由瘤胃内微生物合成，必须由日粮补充。

（一）维生素A与β-胡萝卜素添加剂

在以干秸秆为主要粗料，无青绿饲料时，高精料日粮或饲料贮存时间过长都容易缺乏维生素 A。β-胡萝卜素具有调节血液淋巴细胞防御功能的作用。在日粮中添加 β-胡萝卜素，可改善牛的繁殖性能和减少乳房炎的发生，每日每头添加 100 毫克 β-胡萝卜素，可减少乳中体细胞数。

(二)维生素D添加剂

维生素 D 可以调节钙、磷的吸收。用高精料日粮和高青贮日粮时,牛容易缺乏维生素 D。在以干秸秆为主要粗料,无青绿饲料时,应注意维生素 D_3 的供给。

(三)维生素E添加剂

维生素 E 也叫生育酚,能促进维生素 A 的利用,其代谢又与硒有协同作用,缺乏时容易造成白肌病。

五 添加剂预混料

添加剂预混料指用一种或多种营养与非营养性添加剂原料,与载体及稀释剂一起搅拌均匀的混合物。主要含有矿物质、维生素、氨基酸、抗氧化剂、防霉剂、着色剂等,用量很少(在配合饲料中添加量一般为 0.5%~3%),但作用很大,具有补充营养、促进动物生长、防治疾病、改善动物产品质量等作用。

▶ 第三节 非常规饲料资源

传统配合饲料中玉米和大豆是主要成分。2020 年,我国玉米产量 2.6 亿吨,缺口 1 000 万吨,基本自足。大豆产量仅有 1 960 万吨,进口 1 亿吨,超过 80%基本依赖进口。近年来国际形势复杂,市场波动大,同时部分谷物作为主要原料生产生物乙醇燃料、替代石油产品的新型产业发展等,造成了国内玉米和大豆价格持续上涨、供应紧张、人畜争粮的现状。与此同时,2020 年全国优质牧草缺口 5 000 万吨。饲料成本占养殖成本的 60%,而国外如澳大利亚则以高程度机械化和丰富的草地资源,饲养成本比我国低 40%~80%,牛肉价格便宜。

当下,精粗饲料成本居高不下,对我国的畜禽产品稳定供应提出了高要求。2020 年 9 月,国务院办公厅印发《关于促进畜牧业高质量发展的意见》(国办发〔2020〕31 号),明确提出"健全饲料草料供应体系,促进秸秆等非粮饲料资源高效利用,调整优化思路配方结构,促进玉米、豆粕减量替代"的要求。肉牛耐粗饲、抗病力强,在饲养过程中能大量利用农作物加工副产物等非常规饲料,提高经济价值,同时也能减少环境污染,对降低饲粮的依赖性有重要意义。

一 非常规饲料的特征

非常规饲料是指在现代畜禽饲养日粮配方中较少使用或未用的原材料,或对营养特性和饲用价值了解少的饲料原料,区别于常用谷物、豆类、薯类等。来源广泛,成分复杂不稳定。主要特点有:

①营养价值较低,营养成分不平衡;

②含有多种抗营养因子或毒物,不经过处理不能直接使用或限制使用;

③适口性差;

④营养成分变异大,质量不稳定,受加工、贮存等条件多方面影响;

⑤营养价值评定不准确,增加日粮配方设计难度,统一使用难;

⑥不被利用或利用率低,一般为农作物秸秆或加工副产物,粗纤维含量高,经济价值低,被作为废物处理掉,但适当加工可以提高利用效率;

⑦没有统一规范保存,不宜长时间保存,如水分大。

二 非常规饲料的种类

结合联合国的分类,我国将非常规饲料分为农作物秸秆、林业副产物、糟渣或废液、植物饼粕、动物性下脚料、再生饲料和某些矿物质饲料七大类。对于肉牛,主要利用的非常规饲料是农作物秸秆、糟渣类。

(一)农作物秸秆处理

秸秆是籽实收获后剩余的富含纤维的植物残留,是自然界中数量极大且具有多种用途的可再生生物资源,肉牛粗饲料的常用原料,主要来源于小麦、水稻、玉米、薯类、油料、棉花等,其中营养价值高、适口性和消化性好、饲用价值较高的秸秆有甘薯蔓、马铃薯茎叶(有毒素,限量饲喂)、花生秧等。我国一直有将秸秆作为粗饲料喂反刍动物的传统,但农

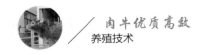

作物秸秆营养价值差。粗蛋白仅有 3%~6%(除豆科作物秸秆),且蛋白品质不佳,粗纤维一般在 35%~50%,适口性差,质地粗硬,木质素含量高,可占干物质的 10%~25%,可消化利用性差。同时,由于秸秆密度低,存贮占空间,运输不方便。因此,秸秆加工处理后,改善其营养价值和适口性,采食量可提高 30%~50%,消化率能提高 50%。

1.物理处理

一般是将秸秆原材料切割、铡短、粉碎、揉搓、浸泡等,便于咀嚼,减少采食能耗,增加与瘤胃微生物接触面积,提高消化,有"寸草铡三刀,无料也上膘""细草三分料"之说,但不能改变内部结构,消化率收效甚微。

2.化学处理

一般通过碱化(氢氧化钠)或氨化(氢氧化铵)改变秸秆内部结构,破坏木质素与纤维素和半纤维素的结合,改善口感,提高消化率。氨化处理已成为国内外稻草等秸秆饲料重要处理方法,但成本相对太高,饲养不当易造成氨中毒现象,推广困难。

3.生物处理

包括酶解、青贮和微贮。青(黄)贮中添加酶、微生物菌剂或两者复合物处理粗饲料,软化秸秆,提高适口性,提高饲用价值。青贮是 20 世纪 90 年代兴起的贮存技术,仍是目前最流行的储存方法,是将秸秆原料进行压缩隔绝空气,通过自身发酵或在发酵时添加特定微生物、酶制剂等,提高纤维素利用率和蛋白含量,同时可以保存原 90%养分,且经久不坏。

(二)农作物秸秆种类

我国每年农作物秸秆主要集中在东北、华北和长江中下游地区,分别占全国秸秆资源总量的 20.7%、24.6%和 22.3%。北方主要是小麦、玉米、高粱秸秆等,南方主要是水稻、棉花、油菜秸秆等。其中,玉米、小麦、水稻三种作物秸秆合计占全国总秸秆资源 90%左右。

1.玉米秸秆

主要富集在东北和华北地区,占全国总量的 68.1%。每千克干物质消化能和无氮浸出物的含量明显高于水稻、小麦、大麦和大豆秸秆,粗蛋白和粗脂肪含量也优于水稻秸秆和小麦秸秆, 粗纤维和灰分含量明显较低,亩产秸秆干物质产量最高,我国种植面积多,是良好的粗饲料资源,也是肉牛粗饲料利用的标杆。研究表明,牛对玉米秸秆的消化利用率为40%~45%,氨化玉米秸秆的消化利用率在60%左右。

常说的"玉米青贮",即全株玉米青贮,是指在玉米蜡熟期将带果穗的整株玉米切短破碎,压实封窖,含有相当数量的玉米籽粒用来替代日粮中精料部分,发挥类似精料的营养作用,所以粗蛋白从5%增加到8%,粗纤维更低,秸秆产量更高。目前,在世界范围内奶牛业中和一些发达国家和地区肉牛生产中广泛使用,值得大力推广使用。

2.小麦秸秆

主要分布在华北地区,占全国59.3%。营养成分类似玉米秸秆,但麦秸粗蛋白、钙、磷含量较低,氨化处理后可使粗蛋白质增加8%,粗纤维体内消化率提高43.8%,有机物体内消化率提高29.4%,粗蛋白质消化率提高35.3%。

3.水稻秸秆

富集在东北和江南地区,黑龙江、湖南和江西三省占总量37.0%。稻草营养价值低,不可利用的木质素(6%)和粗灰分(14%)含量高,适口性差,利用效率低。日粮中不处理的稻草比例最高不超过20%。一般不适合单独青贮,必须和其他饲草或秸秆混合青贮,如适合水分多、蛋白含量高的牧草或豆科植物,与稻草混贮,获得较好的青贮产品。

4.豆类秸秆

主要集中在黑龙江。钙含量高,质地坚硬,木质化程度较高(木质素13%~22%),适口性差,干物质瘤胃有效降解率低。豆科牧草因水溶性碳水化合物含量低,需与水溶性碳水化合物含量较高的禾本科牧草一起混合青贮,改善青贮品质。

5.棉花秸秆

新疆是国家棉花重点种植区,2020年,新疆棉花产量占全国的87.3%,棉花秸秆丰富。但棉花秸秆(细茎、主茎、棉籽壳、棉桃壳)木质素平均含量高达15%,干物质有效降解率仅为33%,饲用价值较低,一般的氨化或碱化处理,利用率提高有限。此外,棉花籽实和秸秆中有抗营养因子棉酚,因此,不能以棉花秸秆或棉籽壳作为日粮的主体。

6.饲草型高粱

包括杂交种和甜高粱,高度在 2~5 米,一年可多次收割,我国北方能收割三次,南方可收割四次,生物产量高,甜高粱产量约 5 吨/亩,高粱-苏丹草杂交种能达到 10 吨/亩,是鲜玉米秸秆的 5 倍,是目前已知作物中生物量最高的作物。茎秆含糖量高,一般在 10%~19%,接近甘蔗的含糖量(17%~18%),此外,粗纤维少、茎叶汁液多、易消化。值得注意的是,高粱的绿色叶片含有氰糖苷,水解后释放氢氰酸(单胃动物在小肠水解,一般采食几个小时后出现中毒症状;反刍动物瘤胃微生物可水解,中毒快速,采食 15~30 分钟后发病),夏季饲用青的高粱或早期生长幼苗阶段的高粱,有中毒风险,但茎叶阴干后饲喂会好点。将饲料制备成干草或青贮料会消除其毒性。

7.花生秧

豆科一年生草本植物,营养价值高,可与优质豆科牧草媲美,如苜蓿等,每年我国产量约 2 700 万吨。主要种植面积集中在鲁豫一带,其中河南花生产业发展迅速,已成全国最大产区。不同地区差异较大,同一品种的营养成分又与刈割时间和高度有一定的关系,花生秧提前 10 天收获,留茬高度 3~6 厘米时,粗蛋白、粗脂肪含量可达 15.23% 和 4.95%,不影响花生秧和花生果的产量,是反刍动物优质的粗饲料。青贮时与其他豆科植物一样,蛋白含量高但糖含量低,需要与可溶性碳水化合物含量高的植株混贮,如苜蓿、玉米秸秆、甘薯藤等,提高青贮成功性。一般混贮添加量为 15%~50%。

8.油菜秸秆

油菜属于十字花科芸薹属植物,是中国主要的油料作物之一,在湖北、湖南、贵州、安徽和江西等地大量种植。据估计,油菜秸秆年产量干重约 3 000 万吨。油菜秸秆由于存在适口性差、收获季节多雨易霉变、不易储存和运输等特性,除少量被还田外,大部分作为废弃物被焚烧。(表 6-4)

表6-4 部分农作物秸秆干物质营养成分

序号	饲料原料	DM %	CP %	EE %	CF %	Ash %	NDF %	ADF %	钙 %	磷 %
1	玉米秸秆(成熟期)	80	5	1.3	35	7	70	44	0.35	0.19
2	玉米青贮(成熟期)	34	8	3.1	21	5	46	27	0.28	0.23
3	小麦秸秆	91	3	1.8	43	8	81	58	0.16	0.05
4	大麦秸秆	90	4	1.9	42	8	78	52	0.33	0.08
5	水稻秸秆	91	4	1.4	40	12	72	55	0.25	0.08
6	大豆秸秆	88	5	1.4	44	6	70	54	1.59	0.06
7	棉花秸秆	92	5	—	46	—	70	60	0.59	0.009
8	高粱秸秆	88	5.2	1.7	33.5	11	64	41	0.52	0.13
9	花生秧	90	10.2	1.6	33	8	45	39	0.9	0.2
10	油菜秸秆	87	5.63	2.14	46	5	58	51	0.83	0.06

(三)糟渣类

糟渣是食品或发酵工业的副产品,根据来源可分为酿造业糟渣(白酒糟、啤酒糟、酱油糟、醋糟等)、水果加工业糟渣(苹果渣等)、制糖工业糟渣(甘蔗渣、甜菜渣、糖蜜等)、淀粉渣(薯类:如马铃薯、甘薯、木薯等)等。根据营养成分,可分为蛋白饲料、能量饲料或粗饲料。

1.酒糟

又称酒渣,是米、麦、高粱、薯类等谷物中蒸出酒精,酿酒后剩余的残渣,主要成分是发酵后的谷物及酒曲、麦芽泥和酵母泥。酒糟水分大,新鲜白酒糟水分高达60%,啤酒糟高达80%,不易储存,易酸败变质。由于酿酒原料、酿造工艺不同,成分相差较大,烘干后一般粗蛋白和粗脂肪分别在18%~31%和5%~10%,粗纤维10%~20%,氨基酸含量丰富,可作蛋白饲料、能量饲料和粗饲料。白酒糟热性大,冬季饲喂抗寒应激作用明显,夏季饲喂会容易加剧热应激。鲜酒糟中含有少量酒精,饲喂能增加肉牛安卧和反刍,同时酒糟中也残留了大量的杂醇、醛类等,未经处理饲喂怀孕母牛,可能会引起流产、弱仔或死胎,饲喂公畜可能会导致精子畸形,降低受胎率。添加量应不超过日粮的30%。

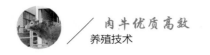

2.淀粉渣

主要是高淀粉含量谷物或薯类制取淀粉后的副产物。

较为常见的是玉米加工淀粉后的副产物,我国玉米淀粉主要以湿法深加工为主,主要有玉米皮、玉米浆、玉米胚芽粕、玉米淀粉渣和玉米DDGS等,使用时需要注意检测霉菌毒素,预防动物采食后霉菌毒素中毒。玉米蛋白粉,也称玉米淀粉渣,是玉米粒脱胚芽、粉碎、制取淀粉后的脱水副产品,其蛋白质含量20%~70%,不含有毒有害物质,不需进行再处理,可直接用作蛋白原料,是饲用价值较高的饲料原料。鲜薯渣含水量高达90%,细菌多,不易储存、运输,易腐败,烘干成本极高,也可用机械挤压将粉渣进行部分脱水后青贮,青贮能增加粉渣饲料的营养价值。

3.制糖工业渣

制糖工业副产品中用作饲料的主要是甜菜渣、甘蔗渣和糖蜜。甜菜渣特点是非淀粉多糖含量高,木质素低,粗纤维消化率高于常规谷物饲料,甜菜制糖季节是冬季,是改善肉牛适口性良好的多汁青绿饲料。甘蔗渣粗纤维和木质素含量高,消化率低,一般不能直接用作反刍动物饲料,与能量饲料和蛋白饲料搭配使用。糖蜜是制糖业的一种副产品,含糖量40%左右,适口性好,易消化,可促进瘤胃微生物活性,广泛用于反刍动物饲料中。但添加过多会造成腹泻,严重的会导致酸中毒,一般不超过精料的20%。

4.果渣

加拿大、美国等已将苹果渣、葡萄渣和柑橘渣作为鸡猪牛的标准饲料成分列入饲料成分表中。我国果渣品种繁多,如苹果渣、菠萝渣、沙棘果渣等,糖分含量高,暂未得到有效利用。果渣含有大量粗纤维、钙镁等矿物质,维生素、多酚、黄酮类活性物质,有抗氧化、抗菌、抗炎作用,发酵能降低抗营养成分,同时提高氨基酸、蛋白质等营养成分,可替代部分饲粮,具有提高采食量,促进生长、生产性能,改善肉质的作用。但未处理的果渣,纤维含量高,蛋白含量低,含抗营养因子,味苦涩,适口性差,干燥、储存成本高,使用时受到很多限制。同时由于果渣本身含有有机酸,发酵酸性强,添加过多会导致瘤胃 pH 降低,影响瘤胃微生物生长,进而影响饲粮消化率及转化率,甚至酸中毒。

（四）其他副产物

1.豆渣

是加工豆油、酱油、豆腐等豆制品副产物（占全豆干重的 15%~20%），口感粗糙，能值低，水分大，粗蛋白 20%左右，赖氨酸含量较高，粗纤维 10%左右，运输困难，易腐败变质。可直接饲喂，也可通过微生物发酵，将豆渣转化为发酵饲料。添加黑曲霉、啤酒酵母等菌种，可降低豆渣中粗纤维，提高粗蛋白含量，也可以改善适口性和延长贮存时间。

2.香蕉茎叶

是收获香蕉果实后剩下的香蕉假茎和香蕉叶的统称，我国广东、广西、福建、云南、海南等南方省份分布广泛。70%香蕉茎叶+29%稻草+1%玉米面混贮，营养价值与玉米青贮相当。

3.麻疯树籽实

是生产生物柴油的能源植物之一，是未来替代化石能源的极具开发潜力的树种。麻疯树籽实中的植物凝集素、胰蛋白酶和佛波醇酯是主要的毒性成分，主要表现为食欲不振、体重减轻、饮水量减少、腹泻、脱水、一些器官出血等症状。麻疯树饼粕是麻疯树种仁制取生物柴油后的副产物，粗蛋白含量高达 64%，氨基酸组成较为理想，是一种有潜力的优质蛋白饲料。

▶ 第四节　肉牛饲料利用技术

一　精饲料加工调制技术

（一）粉碎与压扁

精饲料最常用的加工方法是粉碎，粗粉与细粉相比，粗粉可提高适口性，提高唾液分泌量，增加反刍，一般粉碎成 2.5 毫克左右即可。将谷物用蒸汽加热到 120℃左右，再用压扁机压成 1 毫克厚的薄片，迅速干燥。由于压扁饲料中的淀粉经加热糊化，用于饲喂可提高牛消化率。

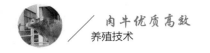

(二)浸泡

豆类、油饼类、谷物等饲料经浸泡,吸收水分,膨胀柔软,容易咀嚼,便于消化。如豆饼、棉籽饼等。

(三)过瘤胃保护技术

饲喂过瘤胃保护蛋白质是弥补牛微生物蛋白不足的有效方法。补充过瘤胃淀粉和脂肪都能提高牛的生产性能。

1.热处理

加热可降低饲料蛋白质的降解率,但过度加热也会降低蛋白质的消化率,引起某些氨基酸、维生素的损失,所以加热应适度。

2.化学处理

(1)锌处理

锌盐可以沉淀部分蛋白质,从而降低饲料蛋白质在瘤胃的降解。

(2)过瘤胃保护脂肪

以植物油脂为原料,利用脂肪的皂化性质,用氢氧化钠水解皂化脂肪生成脂肪酸钠,再加入氯化钙,用钙离子取代脂肪酸钠中的钠离子,生成脂肪酸钙。

二 粗饲料加工调制技术

(一)切断与切碎

粗饲料经铡短处理后,体积变小,便于采食和咀嚼,可增加采食量20%~30%,同时可减少损失。由于粉碎或切碎增加了秸秆与瘤胃微生物接触面积,利于微生物发酵,同时牛采食量增加,使其总可消化养分的摄入量增加,生产性能提高20%,尤其在低精料饲养条件下,饲喂效果明显改善。

粉碎多用于精饲料的加工。但在我国部分农村用粉碎的秸秆作为牛的饲料。实践证明,粉碎秸秆和未粉碎秸秆在消化率方面无显著差异,但在牛日粮中适当添加秸秆粉,可提高采食量。

(二)揉搓处理

揉搓处理比铡短处理秸秆又进了一步,经揉搓的玉米秸秆成柔软的丝条状,增加适口性。

(三)制粒与压块

1.制粒

秸秆颗粒饲料的加工调制是将秸秆饲料的化学处理与机械成形加工相结合的工艺技术。首先对秸秆饲料进行化学处理,以提高其可消化性和适口性,然后通过机械处理和加工,调制成秸秆复合颗粒饲料。制粒的目的是便于养牛业机械化和自动饲槽的应用,由于颗粒料质地硬脆,大小适中,便于咀嚼和改善适口性,从而提高了采食量和生产性能,减少了秸秆的浪费。

2.压块

指将秸秆饲料先经切断或揉碎,而后经特定机械压制而成的高密度块状饲料。外形尺寸为截面30毫米×30毫米的方形断面料块或8~30毫米的圆柱形料块。秸秆压块能最大限度地保存秸秆营养成分,减少养分流失,便于贮存运输,给饲方便。秸秆经高温高压挤压成形,使秸秆的纤维结构遭到破坏,粗纤维的消化率可提高25%,在秸秆制块的同时可以添加复合化学处理剂制成复合化学处理压块,可使粗蛋白质提高到8%~12%,秸秆消化率提高到60%。

(四)青贮调制技术

1.青贮设备

(1)青贮窖

用草量少,应采用小圆形窖。用草量多,应采用长方形窖,内壁成倒梯形。长方形的窖四角做成圆形,便于青贮料下沉。青贮窖的宽深取决于每日饲喂的青贮量,通常以每日取料的挖进量不少于15厘米为宜。

(2)青贮塔

青贮塔是用钢筋、水泥、砖砌成的永久性建筑物,青贮塔呈圆筒形,上部有锥形顶盖,防止雨水淋入。塔的大小视青贮用料量而定。

塑料袋贮:投资少,使用广泛。长、宽各1米,高2.5米的塑料袋,可装750~1 000千克玉米青贮。一个成品塑料袋能使用两年,在这期间内可反复使用多次。

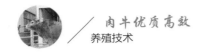

2.常用的青贮原料

（1）青刈带穗玉米

玉米带穗青贮，即在玉米乳熟后期收割，将茎叶与玉米穗整株切碎进行青贮，这样可以最大限度地保存蛋白质、碳水化合物和维生素，具有较高的营养价值和良好的适口性，是牛的优质饲料。

（2）玉米秸秆

收获果穗后的玉米秸秆上能保留 1/2 的绿色叶片，应尽快青贮，不应长期放置。若部分秸秆发黄，3/4 的叶片干枯视为青黄秸，青贮时每 100 千克需加水 5~15 千克。

（3）各种青草

各种禾本科青草所含的水分与糖分均适宜于调制青贮饲料。豆科牧草如苜蓿因含粗蛋白质量高，可制成半干青贮或混合青贮。禾本科草类在抽穗期，豆科草类在孕蕾及初花期刈割为好。

另外，甘薯蔓、白菜叶、萝卜叶等都可作为青贮原料，应将原料适当晾晒到含水分 60%~70%。

3.青贮的制作

切短的长度：细茎牧草以 7~8 厘米为宜，而玉米等较粗的作物秸秆最好不要超过 1 厘米。

（1）青贮窖青贮

如是土窖，四壁和底衬上塑料薄膜（永久性窖可不铺衬），先在窖底铺一层 10 厘米厚的干草，以便吸收青贮液汁，然后把铡短的原料逐层装入压实。最后一层应高出窖口 0.5~1 米。用塑料薄膜覆盖，然后用土封严，四周挖排水沟。封顶后 2~3 天，在下陷处填土，使其紧实隆凸。

（2）青贮塔青贮

把铡短的原料迅速用机械送入塔内，利用其自然沉降将其压实。最后可在原料上面盖塑料薄膜，然后上压余草。

（3）塑料袋青贮

青贮原料切得很短，喷入（或装入）塑料袋，逐层压实，排尽空气并压紧后扎口即可。尤其注意四角要压紧。

4.特殊青贮饲料的制作

（1）低水分青贮

亦称半干青贮，其干物质含量比一般青贮饲料高一倍多。无酸味或微酸，适口性好，色深绿，养分损失少。制作低水分青贮时，青饲料原料应迅速风干，要求在收割后 24~30 小时内，豆科牧草含水量在 50% 左右，禾本科牧草达到 45%，在低水分状态下装窖、压实、封严。

（2）混合青贮

常用于豆科牧草与禾本科牧草混合青贮以及含水量较高的牧草（如鲁梅克斯草、紫云英等）与作物秸秆进行的混合青贮。豆科牧草与禾本科牧草混合青贮时的比例以 1:1.3 为宜。

（3）外加剂青贮

是在青贮时加进一些添加剂来影响青贮的发酵作用，如添加各种可溶性碳水化合物、接种乳酸菌、加入酶制剂等可促进乳酸发酵；加入氨化物等可提高青贮饲料的养分含量。

5.青贮质量简易评定

主要根据色、香、味和质地判断青贮料的品质。优良的青贮料颜色黄绿色或青绿色，有光泽。气味芳香，呈酒酸味。表面湿润，结构完好，疏松，容易分离。不良的青贮料颜色黑或褐色，气味刺鼻，腐烂，黏滑结块，不能饲喂。

6.青贮饲料的饲喂技术

一般青贮在制作 45 天后即可开始取用。牛对青贮饲料有一个适应过程，用量应由少逐渐增加，日喂量 15~25 千克。禁用霉烂变质的青贮料喂牛。

（五）青干草加工调制技术

可以制成干草的有苜蓿、羊草、天然牧草、红豆草、小冠花等。调制干草的牧草应适时收割，刈割时间过早水分多，不易晒干；过晚营养价值降低。禾本科草类在抽穗期，豆科草类在孕蕾及初花期刈割为好。青干草的制作应干燥时间短，均匀一致，减少营养物质损失。另外，在干燥过程中尽可能减少机械损失、雨淋等。

1.自然干燥法

牧草刈割后，在原地或附近干燥地段摊开曝晒，经常加以翻动，待水

分降至 40%~50%时，用搂草机或手工搂成松散的草垄，可集成 0.5~1 米高的草堆，保持草堆的松散通风，天气晴好可倒堆翻晒，天气恶劣时小草堆外面最好盖上塑料布，以防雨水冲淋。直到水分降到 17%以下即可贮藏，如果采用摊晒和捆晒相结合的方法，可以更好地防止叶片、花序和嫩枝的脱落。

2.人工干燥法

有常温鼓风干燥法和高温快速干燥法。常温鼓风干燥法即把刈割后的牧草在田间就地晒干至水分在 40%~50%时，再放置于设有通风道的干草棚内，用鼓风机、电风扇等吹风装置，进行常温吹风干燥。高温快速干燥法即将牧草放入烘干机中，通过高温空气，经过数秒钟可使牧草含水量从 80%~90%迅速下降到 15%以下，可以保存养分在 90%以上。多用于工厂化生产草粉、草块。

（六）氨化处理

由于秸秆中含氮量低，秸秆氨化处理时与氨相遇，其有机物就与氨发生氨解反应，打断木质素与半纤维素的结合，破坏木质素—半纤维素—纤维素的复合结构，使纤维素与半纤维素被解离出来。氨化处理使秸秆质地柔软，气味糊香，适口性大大增强。

1.氨化秸秆的制作

氨化适用清洁未霉变的秸秆等多纤维饲料，一般铡短至 2~3 米。

（1）堆贮法

适用于液氨处理、大量生产。先将塑料薄膜铺在地面上，在上面垛秸秆。草垛底面积根据用量而定，高度接近 2.5 米。秸秆原料含水量要求 20%~40%，一般干秸秆仅 10%~13%，故需边码垛边均匀地洒水，使秸秆含水量达到 30%左右。草码到 0.5 米高处，于垛上面分别平放硬质塑料管 2 根，在塑料管前端 2/3 长的部位钻若干个 2~3 毫米小孔，以便充氨。后端露出草垛外面约 0.5 米长。通过胶管接上氨瓶，用铁丝缠紧。堆完草垛后，用塑料薄膜盖严，四周留下 0.5 米宽的余头。在垛底部用一长杆将四周余下的塑料薄膜上下合在一起卷紧，以石头或土压住，但输氨管外露。按秸秆重量 3%的比例向垛内缓慢输入液氨。输氨结束后，抽出塑料管，立即将余孔堵严。

（2）窖贮法

适用于氨水处理，中小规模生产。氨水用量按 3 千克÷（氨水含氮量× 1.21）计算。如氨水含氮量为 15%，每 100 千克秸秆需氨水量为 3 千克÷ （15%×1.21）=16.5 千克。

2.饲喂技术

氨化的时间应根据气温和感观来确定。一般一个月左右，秸秆颜色 变褐黄即可。饲喂时一般经 2~5 天自然通风将氨味全部放掉，呈糊香味 时才能饲喂，如暂时不要可不必开封放氨。

第七章　肉牛疫病防治

▶ 第一节　肉牛场的卫生防疫技术

从疾病防治的规律出发,肉牛场的卫生防疫应当做好肉牛场舍的卫生消毒、隔离、防疫,做好普通病治疗,加强寄生虫病防治,做好传染病防控和诊断,加强病死牛的无害化处理等。

一　消毒

卫生消毒是肉牛场防治疾病的关键措施,是杀灭病原菌的良好方法,必须加强。

(一)加强预防性消毒(日常消毒)

预防性消毒是牛场消毒的重要环节,主要是做好进入场区人员、车辆的消毒和牛场内部的日常性消毒。

①牛场应当设置人用消毒通道,对进入人员采取更换外衣、鞋子,经过消毒通道的喷雾消毒和地面消毒池,方可进入牛舍。进入车辆必须经过消毒池才能进入。

②采用各种消毒方法在生产区和牛群中进行消毒。主要包括定期对栏舍、道路、牛群的消毒,定期向消毒池内投放消毒药等,医疗器械如体温计、注射器等的消毒。肉牛场每周要进行一次牛舍的综合消毒,包括牛舍的食槽、地面、天花板等。牛舍外部运动场、路面等应当每2周进行一次消毒。

③做好及时消毒:牛群中个别牛发生一般性疫病或突然死亡时,立

即对其在栏舍进行局部强化消毒,包括对发病或死亡牛的消毒及无害化处理。

④开展终末消毒(大消毒):采用多种消毒方法对全场进行全方位的彻底清理与消毒,主要用以全进全出系统中空栏后或烈性传染病流行初期以及疫病平息后准备解除封锁前均应进行大消毒。

(二)消毒方法介绍

1.物理消毒法

主要包括机械清扫刷洗、高压水冲洗、通风换气、高温高热(灼烧、煮沸、烘烤、焚烧等)和干燥、光照(日光、紫外线照射等)。

2.化学消毒法

采用化学消毒剂杀灭病原是消毒常用方法之一。使用化学消毒剂时应考虑病原体对消毒剂的抵抗力,消毒剂的杀菌谱、有效浓度、作用时间、消毒对象及环境温度等。

3.生物学消毒法

对生产中产生的大量粪便、污水、垃圾及杂草等利用生物发酵热能杀灭病原体,有条件的可将固液体分开,固体为高效有机肥,液体用于渔业养殖,同时在牛场内适度种植花草树木,美化环境。

4.常见消毒药的配比和使用对象

(1)氢氧化钠

2%~3%水溶液,用于地面、非金属、非橡胶用具。

(2)氢氧化钙

10%~20%石灰乳,主要用于地面、消毒池等。

(3)漂白粉

10%~20%乳剂,主要用于地面以及环境等。

(4)福尔马林

2%~4%水溶液,主要用于尸体以及沾有腐败物的物品。

(5)高锰酸钾

0.01%~0.05%水溶液,用于地面、食槽等及非金属品。

(6)过氧化氢溶液

1%~4%水溶液清洗脓创面,0.3%~1%冲洗口腔黏膜。

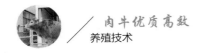
（7）碘

5%碘酊（碘50克，碘化钾10克，蒸馏水10毫升，加75%酒精至1 000毫升），主要用于表皮、创面。

（8）新洁尔灭

0.1%水溶液，主要用于手术器械。

（9）百毒杀

适于牛舍、环境和饮水的消毒。

（10）二氯异氢尿酸钠

0.5%~1%水溶液。

（11）乙醇

75%水溶液。

二 免疫和检疫

（一）做好隔离工作

隔离工作在综合防治中占有举足轻重的地位，主要指将病原微生物与生物机体（易感牛群）隔离开，使易感牛群远离病原微生物，使病原微生物失去感染禽体机会。

①按照标准化牛场的要求建设，把生活区、办公区、生产区分开。牛舍间距不低于15米。同时与外界有隔离带，远离村庄、有污染的场所500米以上。

②做好隔离设施：牛场应当建立隔离牛舍、治疗牛舍，隔离牛舍距主要的生产区50米以外，在整个场区的下风向，有单独的饲喂设施、用具。治疗牛舍应当设立单独的垃圾箱，废弃物必须无害化处理。

③新进牛群应当首先在隔离舍观察不低于30天，无严重疾病方可进入主生产区。

④对于病牛应当及时转入治疗室，以便治疗、观察，同时能够与健康牛群分开。

（二）做好疫苗的正确接种

疫苗的正确接种是防止传染病的重要一环。

1.制定合理的免疫程序

制定免疫程序应考虑以下几个因素:注意本地区流行的疫病及流行情况,某种疫病流行的季节,不同疫苗之间的相互干扰现象,一种疫苗产生抗体的时间以及半衰期,不同疫病的发病年龄,牛群的健康、生理状况,外界环境因素的影响。

2.选择合适的疫苗

疫苗应来自正规厂家,标有批号、生产日期及失效期,外包装应比较周全;应按说明进行储存;运输应注意防颠、防热、防其他物理化学刺激;尽量选择单价疫苗,提高其使用效果。

3.进行正确的免疫接种

各种疫苗的接种方法都有其严格的规定。疫苗的稀释一般用专用稀释液或蒸馏水,稀释好的疫苗必须在规定时间内用完,如超过规定时间应将其废弃。严格按照疫苗的用法说明使用。(表7-1)

表7-1 牛场常用疫苗用法说明

疫苗名称	疾病	接种方法和说明	免疫期
无毒炭疽浓芽孢苗	炭疽	1岁以上皮下注射1毫升,1岁以下皮下注射0.5毫升,注射后14天产生足够的免疫力	一年
气肿疽明矾菌苗	气肿疽	大、小牛皮下注射1毫升,注射后14天产生足够的免疫力	约半年
牛出血性败血症氢氧化铝菌苗	牛出血性败血症	大、小牛皮下注射5毫升。6个月以下小牛,在年龄达6个月时再注射一次;体重100千克以下,皮下注射4毫升,100千克以上,皮下注射6毫升,注射后21天产生免疫力	9个月
肉毒梭菌(C型)灭活疫苗	肉毒梭菌中毒症	牛3 000～6 000,50 000～100 000抗毒单位皮下注射剂量10毫升	一年
牛肺疫兔化弱毒疫苗	牛传染性胸膜肺炎	黄牛用50倍稀释的氢氧化铝菌苗,尾端皮下注射,成牛1毫升,1岁以下牛0.5毫升	一年
O型口蹄疫BEI灭活油佐剂疫苗	口蹄疫	每头份皮下注射5～10毫升,每年换季注射一次	一年

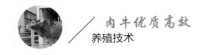

(三)定期药物预防

目前流行的细菌性疾病及寄生虫病主要有大肠杆菌病、沙门杆菌病、葡萄球菌病、球虫病,及其他内外寄生虫病等,这些疾病的发生大多有年龄和季节特点,要根据不同的情况来制定不同的用药预防程序。如大肠杆菌病,易发生于犊牛,而支原体病则易发于冬春两季,球虫病往往爆发于30日龄内等,必须正确做好药物预防,定期进行驱虫。

1.一般每季度进行1次体内驱虫

常用的体内驱虫药物有丙硫咪唑(阿苯达唑)、盐酸左旋咪唑、阿维菌素、伊维菌素。方法:口服,丙硫咪唑(阿苯达唑)按10毫克/千克体重计,盐酸左旋咪唑按7.5~10毫克/千克体重计,伊维菌素、阿维菌素按0.2毫克/千克体重计,空腹时服下;要实行定期驱虫,实践以丙硫咪唑(阿苯达唑)和伊维菌素联合用药效果最佳,即内服丙硫咪唑(阿苯达唑)按15毫克/千克体重计,同时以0.1%伊维菌素按0.2毫克/千克体重肌注。

2.体内外同时驱虫

对于群体性驱出体内外寄生虫,可用阿苯达唑按 0.5千克/吨拌料,要求混合均匀,按正常饲喂方法饲喂,对肉牛体内、体外的寄生虫均有良好的驱除效果。

3.注射法驱虫

对于个别体内外寄生虫感染严重的,如螨虫病症见有结痂、剧痒症状,同时粪便排出大量虫卵、虫体的重症病例,可采取注射配合口服治疗效果较佳。方法:用0.1%伊维菌素按0.2毫克/千克体重肌注或盐酸左旋咪唑按0.2毫克/千克体重颈部皮下注射。

(四)加强饲养管理

给牛群创造一个良好的环境,增强其对疾病的抵抗能力。

①供给营养全面平衡的优质饲料。各阶段的能量、蛋白、维生素、微量元素的含量应符合生长生殖需要。

②不饲喂发霉变质饲料,避免一些营养代谢病及中毒病的发生。

③做好精粗搭配,通常青年牛精粗比例为45:55,中期育肥牛35:65,后期育肥牛55:45。母牛的精粗比例为25:75。

④适当调控舍内温度,保持温度相对稳定。肉牛通常怕热不太怕冷。夏季适当遮阳防止直射光。冬季在迎风面增加防风设施。封闭式牛舍夏

季应当做好降温工作,使舍内温度不超过25℃。

⑤加强通风,做好通风换气工作。牛代谢过程产生大量的氨气、硫化氢、二氧化碳等气体,有害气体不能很好地排放出去,牛群易产生呼吸道病、大肠杆菌病等疾病,继而易引起其他细菌病、病毒病的混合感染,要做好通风换气。敞开式、半敞开式牛舍可以敞开,封闭式牛舍应当加强窗户通风管理。

⑥做好清洁卫生工作。定时清粪,冲洗。

⑦加强场区绿化。在运动场外侧种植高大乔木,起到遮阴效果。场区绿化率不低于35%。

(五)建立规范的兽医卫生体系

①按照《家畜家禽防疫条例》制定相关防疫制度。

②建立健全兽医诊断室,建立防疫档案、检疫证明书、诊断记录、处方签、病历表和繁殖记录等基本档案资料。

③兽医及饲养员应定时巡视牛群,发现病牛应及时隔离诊治,在诊治时要如实记录病情及处理结果。

④制定合理的卫生防疫制度。

a.防止疫病传入生产区内,工人要换工作装,非工作人员不得随便进入生产区;原则上谢绝参观,确需时须严格消毒并换工作装后方可入内;场外车辆、用具不准进入生产区;禁止外牛进场;场内各舍用具及工作服等要严格分开,固定使用并定期消毒;粪便和褥草应远离牛舍,经密封发酵后使用;病死牛应深埋或焚烧。

b.严格引种时检验、检疫、消毒。必须从非疫区购入,并经当地兽医部门检疫,加强车辆、垫草消毒,签发检疫证及免疫证明;进场后,须经本场兽医验证、检疫并隔离观察1个月以上,确认为健康者,经驱虫、消毒、补苗后,方可混群饲养。

c.严格消毒制度。

d.在兽医指导下建立免疫程序。

三）疾病控制和扑灭

肉牛饲养场发生或怀疑发生一类疫病时,应依据《中华人民共和国

动物防疫法》,及时采取以下措施:

①立即封锁现场,驻场兽医应及时进行诊断,采集病料由权威部门确诊,并尽快向当地动物防疫监督机构报告疫情。

②确诊发生口蹄疫、蓝舌病、牛瘟、牛传染性胸膜肺炎时,肉牛饲养场应配合当地畜牧兽医管理部门,对牛群实施严格的隔离、检疫、扑杀措施。

③发生牛海绵状脑病时,除对牛群实施严格的隔离、扑杀措施外,还需追踪调查病牛的亲代和子代。

④发生炭疽时,焚毁病牛,对可能污染点彻底消毒。

⑤发生牛白血病、结构病、布鲁菌病等疫病,发现蓝舌病血清学阳性牛时,应对牛群实施清群和净化措施。

四 废弃物处理

①牛粪便的无害化处理。粪尿及污水要有专门的贮粪场。贮粪场的牛粪中常含有大量细菌及虫卵,应集中处理,可在其中掺入消毒药,也可采用疏松堆积发酵法,高温杀灭病菌和虫卵。

②病死牛尸体的无害化处理。屠宰后的病牛皮、肉、内脏及污物应焚埋处理,屠宰后的场地、用具必须进行严格消毒。

▶ 第二节　牛病诊疗技术

一 肉牛常用的诊断检查技术

(一)牛的接近与保定

检查者最好先从牛左后侧接近,并用手搔其尾跟,表示友好,之后慢慢转向右侧,但要防止其后蹄弹踢和"扫堂腿"伤人。接近牛头部时,应站立于牛头部的左侧方,一手握笼头或鼻环,一手抚摸其头颈部,表示安慰,防止牛用角抵撞。接近前躯时应以丁字步姿势站立于牛的肩侧,面向牛体，一手按其鬐甲部，一手抚摸其胸背部。接近后躯时，一般先接近前躯，再面向牛体后部，以侧身步势站立于其胸腹侧，一手推按其髋结节外角以作为支点，一手抚摸其臀股部以作检查。总之，在接近牛时，无论接近任何部位，均须小心谨慎，态度温和，同时要给予温和的吆喝，动作要稳健敏捷。一手必须按在牛体的适当部位作为支点，以防范患牛的骚闹和攻击，另一手进行临床诊治操作。但对个别患牛，若用此法仍不能接近时，可大声呵斥，令其安静。必要时，可先施以适当的保定措施，再行接近和诊治等操作。

为了保证人牛安全和便于诊治，在保定牛时必须注意：诊断时所用的保定方法，既要符合临诊要求，又要具有高度的灵活性。要尽量根据当时当地的设备条件，选择适当的保定方法。保定绳索要柔软结实，粗细长短适当。使用前要细心检查，不应有断损或结节等；保定时绳结要结实，易结易解，绳索的游离端应始终握在术者的手中或搭在牛体的适当部位，切忌在人、牛脚下丢、绕，以免发生意外。对成年牛进行侧卧保定时，应在宽敞而平坦的土质地面上进行。倒卧之前12小时左右应绝食。施术完毕患牛起立时，要小心扶护，以免因四肢麻木而跌伤。

（二）肉牛异常表现的整体诊断

观察牛体异常表现时，检查者应站在距离病牛适当的地方，先观看全貌，如牛的精神、营养、姿势、被毛、胸围和腹围等。然后由前向左后方边看边走，依次从头部、胸部、腹部、臀部到四肢，注意牛的体表有无外伤肿胀等。当走到正后方时应该稍停留一下，观察尾巴会阴部，并对照观察两侧胸部、腹部及臀部的状态和对称性。如发现问题，可稍微接近牛体，进一步观察，最后牵缰观察步样。

检查牛的容态主要包括精神姿势及营养等。精神状态主要看面部表情、身体姿势、眼耳的活动以及防卫反应等。注意精神是兴奋，还是沉郁，姿势是否正常，常可为疾病诊断提供重要的线索。健康牛常采食后卧地，进行间歇性反刍，有时用舌舔其被毛，卧地时常前胸着地，四肢曲于腹下，有生人走近时，先抬举后躯缓慢起立。有病则常常出现各种反常的姿势。如患有生产瘫痪时，牛卧地呈取颈的姿势同时伴有嗜睡或半昏迷状；病牛反复挣扎、企图起立并呈犬坐姿势，常提示脊髓受伤（如腰扭伤）的可能。如患有破伤风，患牛表现瘤胃鼓气，举尾，头颈平伸，前肢和后肢均

比正常时前伸和后送,精神紧张,耳竖立,瞬膜突出。

(三)肉牛触诊和叩诊技术

触诊主要通过手触摸牛体,在检查体表的温度、湿度及肌肉的紧张性时,将手放于体表即可。如检查深部组织和肿胀,可施不同的压力进行触摸,感知牛某些器官的生理或病理性冲动。如在心区检查心搏动,判断其位置、强度、频率及节律;检查瘤胃可判断蠕动次数及力量;如用手或手掌对牛的右侧肋弓区进行冲击式触诊,可感知瓣胃或真胃的内容物形状。对牛进行直肠检查,可以检查母牛的子宫、膀胱卵巢、输卵管膀胱是否有疾病,判断是否妊娠。

叩诊主要是叩打病牛体表,根据音响的变化来推断体内的病理变化,多用于牛的胸部检查。检查犊牛可用指叩诊法,即用弯曲的右手中指,垂直向紧贴体表左手的第二指骨中央,进行短而急的连续两次叩打,叩击后,右手中指应立即抬起。成年牛可用槌板叩诊法。即用左手持叩诊板紧贴体表,右手持叩诊槌,以腕关节的力量向叩诊板上叩打,动作短促急速,2~3次,间歇性地叩打。当叩打健康牛的肺部可听到清音;叩打瘤胃上部的1/3可听到鼓音;叩打右侧肝区可听到浊音。

(四)肉牛的听诊技术

听诊即听取病牛体内的音响,是为了推断内部器官的病理变化和对牛体心肺及胃肠的检查。一般选择在安静的室内进行。可以在牛体上盖一块白布,将耳朵直接贴于病牛体表进行听诊。听肺脏时面向病牛头方,一手放在鬐甲或背部做支点:听肺脏后半部和胃肠时,面向尾方,一手放在腰部做支点,以防踢伤。常用听诊器进行听诊,听诊器要贴紧体表,防止摩擦,但不要强压,必要时可将被毛打湿,将注意力集中在听取的声音上,并同时注意观察牛的动作,如听呼吸音时同时应观察其呼吸活动。

(五)肉牛体温检查与判断

肉牛体温检查一般测牛的直肠内温度。检温前先将体温计的水银柱甩至35℃以下,并涂以润滑剂或水。检查人站在牛正后方,用手提起尾,右手将体温计斜向前上方徐徐捻转插入肛门内,用体温计夹子夹在尾根部尾毛上,3~5分钟后取出查看。测温后应将体温计擦拭干净,并将水银柱甩下,以备再用。另外,也可以用手触摸牛的口腔鼻端或耳根、角根等处,以舌温、鼻温、耳温和角温度,大体推测牛的体温。牛的年龄、性别和剧烈活动以及日晒、大量饮冷水等,都可以使体温发生变化,在这些情况下须使牛休息半小时后再检温。健康牛体温一昼夜内略有变化,一般是上午高、下午低,相差在1℃以内,应在每天上午8—9点和下午4—5点两次测温,观察体温日差变化。正常犊牛体温为38.5~39.5℃,青年牛和成年牛为38.0~39.0℃。一般体温低于常温常见于大失血、内脏破裂、中毒性疾病及濒死期。

一般认为病牛体温升高1℃以内为微热,升高2℃以内为中热,升高3℃以上为高热。把每天上下午的体温记录连成曲线,叫作体温曲线。根据体温曲线判定热型:稽留热指体温日差在1℃以内,且高热持续时间在3天以上,见于传染性胸膜肺炎、犊牛副伤寒流感;间歇热指有热期和无热期交替出现,见于慢性结核、锥虫病等;弛张热指体温日差在2℃以上,且不降到常温,见于化脓性疾病、败血症及支气管肺炎等;回归热指两次发热之间,间隔以较长的无热期;此外,如体温无规则地变动,属于不定型热,可见于牛布氏杆菌病、牛结核病等。牛患病后发热持续一定阶段之后则进入降热期,发热可以逐渐退,在数天内逐渐缓慢地下降至常温,并且病牛的全身状态亦随着体温的逐渐下降而改善;反之,如体温在短期内迅速降至常温或常温以下,病牛全身状态不见改进甚至恶化,多提示预后不良。

(六)牛脉搏和呼吸的检查

检查病牛的脉搏数必须在病牛安静的状态下进行。如病牛由远道而来,要稍休息后再行检查。检查者立于牛的正后方,左手将牛的尾根略微抬起,用右手的食指、中指或食中无名三指压在尾腹面正中的尾动脉,进行检查。一般幼龄牛比成年牛的脉搏有明显的加快。健康犊牛的脉搏每分钟为90~110次,半月龄内犊牛的脉搏为100~120次,青年牛为70~90次,成年牛为60~80次。一些外界环境条件,如温度、运动、采食活动以及受到恐吓等,可以使脉搏数一时性增多,性别和生产性能也可能影响脉搏数。脉搏数病理性增多见于发热性疾病(一般体温每升高1℃,可使脉搏数相应增加4~8次)、心脏病、剧烈疼痛性疾病、贫血、呼吸器官疾病、某些中毒疾病或某些药物的影响。脉搏数减少,临床上较少见,在脑水肿、洋地黄中毒、铅中毒时,脉搏数减少。此外,高度衰竭的病牛脉搏数也减少。脉搏次数的明显减少,亦可提示预后不良。

　　检查牛的呼吸数,必须使牛处于安静状态,最好站在牛胸部的前侧方或腹部的后侧方,观察不负重后肢一侧的胸腹部起伏运动,胸腹部的一起一伏是一次呼吸。也可以将手背放在鼻孔前方感觉呼出的气流,在冬季还可看呼出的气流,呼出一次气流是一次呼吸。一般计算1分钟的呼吸数。健康犊牛的呼吸数为20~50次,成年牛的呼吸数为15~35次。呼吸数的变化受很多因素的影响,当在炎热季节、外温过高、日光直射、通风不良时,牛的呼吸增多。病理性的呼吸增多见于多数发热性疾病、剧烈性疼痛疾病、贫血、心脏病、呼吸器官疾病、脑炎及腹腔器官增大的疾病、某些中毒疾病的病程中。呼吸次数减少在临床上较少见,通常见于脑水肿、某些中毒疾病及中毒代谢扰乱等。呼吸次数的显著减少并伴有呼吸形式与节律的改变,常提示预后不良。

　　体温、脉搏及呼吸数等生理指标的测定,是诊断牛疾病的重要内容。一般来说,体温、脉搏及呼吸数的相关变化,常并行一致,如体温升高,随之脉搏及呼吸数也相应增加;体温下降,脉搏、呼吸数多随之而减少。因此,在病程中体温和脉搏呼吸数曲线逐渐上升,一般可以反映病情的加剧;而三者的曲线逐渐平行地下降以至达到正常,则说明病势的逐渐好转与恢复。在一些病牛的病程中,体温与脉搏曲线的变化可能并不一致。如高热的病牛体温突然急剧下降,而脉搏数反而上升,因此,曲线表上出现体温曲线与脉搏曲线相互交叉的现象,一方面由于高热的急剧下降甚至降至常温以下,可能并非病情的真正好转,反而说明病牛的反应能力显著衰竭;另一方面,脉搏数的显著增多,又反映了心脏功能状态的进一步恶化,多为预后不良的征兆。

(七)肉牛反刍的检查

　　肉牛一般在喂食后半小时至一小时即开始反刍,通常在安静或休息状态下进行。每天反刍4~10次,每次持续20~40分钟甚至1小时,每个返回口腔的食团行40~70次再咀嚼。反刍检查应着重牛是否按此规律进行反刍。如果反刍功能障碍,可表现为反刍时间出现过迟,反刍次数稀少,每次的反刍时间过短,以及迟缓无力,严重完全停止。反刍功能减弱,可见于前胃迟缓、瘤胃积食、瘤胃鼓气、创伤性网胃炎、瓣胃或真胃阻塞。而当患有创伤性网胃炎时,可出现反刍带痛,即当食块向口腔反刍时,病牛表现不安、疼痛和呻吟。反复的反刍紊乱如果长期出现,多见于前胃弛缓及创伤性网胃炎或严重的全身性消耗性疾病(如结核病后期)。如果反刍完全停止,则表示病情严重;如果反刍逐渐恢复,则表示病情趋向好转。

检查牛的嗳气可用视诊法和听诊法。嗳气时可在牛的左侧颈静脉沟处看到由下向上的气体移动波,有时还可听到类似咕噜音或漱口音。健康牛一般每小时嗳气20~40次。嗳气减少,见于前胃迟缓、瓣胃积食、瘤胃积食、真胃疾病、创伤性网胃炎以及继发前胃功能障碍的热性病及传染病,嗳气完全停止见于食管梗塞以及严重的前胃功能障碍。急性瘤胃鼓气的初期,可见一时性的嗳气增多,后期则转为嗳气减少乃至完全停止。此外,当牛发生慢性瘤胃迟缓时,嗳出的气体常带有酸臭味。

(八)肉牛排便的检查

正常情况下,牛排粪时,背部微弓起,后肢稍微开张并略前伸。每天排粪10~18次。排粪时疼痛不安,拱腰努责,称为排粪带痛,见于腹膜炎直肠损伤及创伤性网胃炎等。病牛不断做排粪姿势,并强度努责而仅排出少量粪便的,称为里急后重,多见于直肠炎。病牛未取排粪姿势而不自主地排出粪便,称为排粪失禁,见于持续性腹泻及腰荐部脊髓损伤等。排粪次数增多,粪便性状改变,不断排出粥样、液状或水样便,称为腹泻,见于肠炎、结核、副结核及犊牛副伤寒等。排粪次数减少,排粪量也减少,称为排粪迟滞,粪便干硬、色暗,常被覆黏液,见于便秘、前胃病及热性病等。

检查排尿时应注意排尿姿势、排尿次数和排尿量。排尿时不安、呻吟、摇尾,或后肢踢腹,称为排尿带痛,见于膀胱炎、尿道炎等。病牛未取正常排尿姿势,而不自主地排出少量尿液,称为尿失禁,见于腰荐部脊髓损伤等。排尿次数增多,而每次排尿量不减少的,称为多尿,见于大量饮水后、慢性肾炎及渗出性胸膜炎的吸收期。排尿次数增多,而每次排尿量减少的,称为尿频,见于膀胱炎、尿道炎等。排尿次数减少,而总排尿量也减少的,称为少尿或无尿,见于急性肾炎、剧烈腹泻及尿道阻塞等。

二 肉牛常用的基础治疗方法

(一)常用注射方法

注射前,首先检查注射器有无缺损,接头是否严密,针头是否锐利通畅,然后将注射器和针头洗净,煮沸消毒;检查药品有无变质、混浊、沉淀

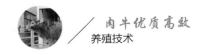
及过期;同时注射两种以上药液时,应注意有无配伍禁忌;大量注入药液时应对药液适当加温;注射部位剪毛消毒,通常涂以5%碘酒,而后用75%酒精脱碘。

1.皮下注射

将药液注于皮下组织内,注射后一般经5~10分钟呈现作用。凡是易溶解、无强刺激性的药品及疫苗等均可做皮下注射。一般选择皮肤松弛而容易移动的部位,牛多在颈部两侧、颈侧或肩胛后方的胸侧皮肤易移动的部位。注射前要剪毛消毒,一手捏起皮肤做成皱褶,另一手持注射器,将针头于皮肤皱褶处的三角形凹窝刺入皮下2~3厘米,抽动活塞不见回血,推动活塞注入药液。注射后,用酒精棉球压迫针孔,拔出针头,再用碘酒涂布针孔。

2.肌肉注射

多选在肌肉丰富的臀部和颈侧。剪毛消毒后,先将针头垂直刺入肌肉适当深度,接上注射器,回抽活塞无回血即可注入药液。注射后拔出针头,注射部位涂以碘酒或酒精。注射时要注意针头不要全部刺入肌肉内,一般为3~5厘米,以免针头折断时不易取出。过强的刺激药,如水合氯醛、氯化钙、水杨酸钠等不能做肌肉注射。

3.静脉注射

多选在颈沟上1/3和中1/3交界处的颈静脉管,也可在乳静脉管注射。注射前先排尽注射器或输液管中的气体,以左手按压注射部位下边,使血管怒张,右手持针在按压点上方约2厘米处,垂直或呈45度刺入静脉内,见回血后将针头继续顺血管进针1~2厘米,接上针筒或输液管,用手扶持或用夹子把胶管固定在颈部,缓缓注入药液。注射完毕,用酒精棉球压住针孔,迅速拔出针头,按压针孔片刻,最后涂以碘酒。注意注射时病牛要保定,看准静脉后再刺入针头。针头刺入血管后,应再送入部分针身,然后注入药液,以免中途针头滑脱;注入大量药液时,速度要慢,以每分钟30~60毫升为宜,药液应加温至接近体温;要排尽注射器或胶管内空气;注射刺激性的药液时绝对不能漏到血管外。

(二)常用投药方法

因牛为反刍动物,瘤胃主要利用微生物和原虫对饲料进行消化,常用的药物不能直接拌于饲料中饲喂,需要采用灌药或者胃管投药的方法。

1.灌药

灌药包括舐剂投药法和糊剂投药法两种，舐剂投药法是打开牛口腔，用木片或竹片从一侧口角将舐剂送入口腔并迅速涂于舌根背部，随即抬高牛头,使其自然咽下。糊剂投药法是将已碾压较粗的中药调制成糊状,用灌角将药经口灌入。灌药时,由助手牵引鼻环或吊嚼,使牛头稍仰,灌药者一手持盛药的灌角,顺口角插入口腔,送至舌面中部,将药灌下,同时,另一手持药盆,接取自口角流出的药液。

2.胃管投药

对牛投给水剂药时,可使用胃管。胃管为直径1.2~1.6厘米、长1.2~1.5米的胶管。将患牛保定在诊疗架内,固定头部,使头稍低下与颈成90度角。将胃管用凉水(冬季用温水)浸泡后,吹净管内的水或异物,并在投入的一端涂上润滑油。术者站在患畜的右(左)前方,用左(右)手掀开患畜(右)侧鼻翼,右(左)手将胃管的一端轻轻送入鼻孔内。如患牛抗拒,则等安静后再继续投送。对牛还可以用木制开口器,将胃管经开口器中间小孔投入。胃管送至咽部时即感到有阻碍,当患牛出现吞咽动作时乘机将胃管缓慢向前推进,即可进入食管。胃管正确投入食管并继续送到胃内后,将胃管紧贴鼻翼,稳妥固定,然后向胃管内用力吹气,如不通气,说明胃管有折叠,应往外拉出一段,再缓缓送入,直至胃管通气为止。接上并高举装有药液的漏斗或吊桶,灌入药液,灌完药后,取下漏斗或吊桶,向胃管内用力吹气,迅速折捏胃管,慢慢拔出。注意投胃管要缓缓送入,不宜过快。如引起鼻腔出血,将患牛头部吊高,并冷敷额部,一般即可止血。患有咽炎的病牛,不可采用胃管投药法,以免刺激咽黏膜,加重病情。

(三)前胃穿刺技术

1.瘤胃穿刺

常用于治疗牛的瘤胃急性鼓胀和向瘤胃内注入药液。一般在左侧肋窝部,由髋结节向最后肋骨所引水平线的中点,距腰椎横突10~20厘米处。均可在左肋窝鼓胀最明显处穿刺。患牛保定,剪毛消毒,在术部做一小的皮肤切口,将套管针置于皮肤切口内,向右侧肘头方向迅速刺入10~12厘米,固定套管,抽出内针,用手指不断堵住管口,断断续续地放气。若套管堵塞,可插入内针疏通。气体排除后,为防止复发,可经套管向瘤胃内注入5%的克辽林液200毫升或消气灵20毫升等。拔针前须插入内针,并

用力压住皮肤慢慢拔出,以防套管内污物污染创道或落入腹腔,对皮肤切口行一针结节缝合,局部涂以碘酊,必要时再用火棉胶绷带覆盖。

2.瓣胃穿刺

用于治疗瓣胃阻塞,在右侧第9~11肋骨前缘与肩端水平线交点的上下2厘米范围内,一般以第9肋间较好。将牛站立保定,剪毛消毒,用15~20厘米长的穿刺针,与皮肤垂直并稍向前下方刺入10~12厘米,当感觉抵抗力消失时,即进入瓣胃内。为慎重起见,可先注射适量生理盐水,稍等片刻,回抽注射器,如液体为黄色混浊或有草屑时,即证明刺入正确,否则应重新穿刺。针刺入瓣胃后,注入25%~30%硫酸钠溶液250~400毫升,或温生理盐水2 000毫升,并应变换针头的深浅度及方向做多点注入。注完后用手指堵住穿刺针孔,防止药液倒流,稍待片刻再慢慢拔出针头,术部涂以碘酒消毒处理。

(四)公牛去势

公牛去势前应做健康检查,并适当限饲。有血去势应在术前1周注射破伤风类毒素,或在术前1天注射破伤风抗毒素。将牛站立或横卧保定,阴囊消毒后即可进行手术。常用的去势方法有有血去势术和无血去势术。

1.有血去势术

术者左手握住阴囊颈部,将睾丸挤向阴囊底,使阴囊壁紧张。切开阴囊(纵切法:在阴囊缝际两侧各1~2厘米处做纵切口;横切法:适用于6月龄左右的公牛。在阴囊底部,垂直阴囊缝做一横切口;横断法:术者左手握住阴囊底部皮肤,右手持刀或剪刀切除阴囊底部皮肤2~3厘米长,然后切开总鞘膜)挤出睾丸,分别结扎精索后切除。

2.无血去势术

用无血去势钳隔着阴囊皮肤夹住精索部用力合拢钳柄,听到类似腱被切断的音响,继续钳压1分钟,再缓慢张开钳嘴,在钳夹下方2厘米处再钳夹1次,同法夹断另一侧精索。术部皮肤涂抹碘酒消毒处理。

第三节 牛常见传染病防控技术

一 肉牛常见传染病防控

（一）口蹄疫

口蹄疫俗称"口疮""蹄癀"，是偶蹄兽的一种急性、热性、高度接触性传染病，以牛的易感性最高。其特征是口腔黏膜和蹄部皮肤发生水疱性疹。本病传染性极强，造成的经济损失大。

1.病原

口蹄疫的病原体是微RNA病毒科鼻病毒属的口蹄疫病毒，该病毒分为七个血清型，即最初发现于欧洲的O、A、C三型，以及以后发现于南非的SAT1、SAT2、SAT3三型，发现于亚洲的亚洲一型。各型之间无交叉免疫性，动物感染后，只对本型病毒产生免疫力。病毒颗粒很小，直径约22微米，主要存在于水疱皮及其淋巴液中。在水疱发展过程中，病毒进入血流，分布于全身组织和各种体液。病毒对外界环境抵抗力较强，在冻肉、饲料、水疱皮、唾液、血、尿和污水中能长期存活，高温、阳光和酸性的环境能使病毒很快失去毒力。常用的消毒药是1%~2%氢氧化钠、10%石灰乳或2%福尔马林。

2.流行病学

家畜中以牛最易感，其次是猪和羊，一般幼畜的易感性较成年畜大。新流行地区的发病率可达100%，老疫区的发病率常在50%以上。病毒通过直接接触或间接接触进入易感牛的消化道、呼吸道或损伤的皮肤黏膜而感染发病。主要的传播媒介是污染的空气、草料、饮水以及饲养和运输工具，鸟和风可从远方传播。本病流行猛烈，2~3天内即可波及全群，乃至一片地区，继而羊、猪发病。发病率很高，但病死率不到1%~2%，冬季多发，夏季往往平稳。

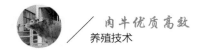

3.临床症状

病牛体温40~41℃,精神委顿、闭口、流涎。1~2天后,在唇内面、齿眼、舌面和颊部黏膜发生水疱,口角流涎增多呈白色泡沫状,常常挂口边,采食、反刍完全停止,不久水疱破溃,形成边缘不整的红色烂斑。稍后趾间及蹄冠皮肤表现热、肿、痛,继而发生水疱、烂斑,病牛跛行。水疱破溃,体温下降,全身症状好转。如果蹄部继发细菌感染,局部化脓坏死,则病程延长甚至蹄匣脱落。病牛乳头皮肤有时也出现水疱、烂斑,哺乳犊牛患病时,水疱症状不明显。

4.病理变化

除口腔、蹄部的水疱和烂斑外,在咽喉、气管、支气管和前胃黏膜有时可发生圆形烂斑和溃疡,上盖有黑棕色痂块。真胃和大小肠黏膜可见出血性炎症。心肌病变,心包膜有弥散性及点状出血,心肌切面有灰白色或淡黄色斑点或条纹,好似老虎身上的斑纹,所以一般称为"虎斑心"。心脏松软,似煮过的肉。由于心肌纤维的变性、坏死、溶解、放出有毒分解产物而使病畜致死。

5.诊断

在进行诊断时,要考虑到口蹄疫病毒具有多型性的特点,应当确定当地流行的口蹄疫病毒。口蹄疫的症状和病变易与传染性水疱性口炎、牛瘟、恶性卡他热以及各种口膜炎混淆,应注意区别诊断。

6.预防

接种A、O双价弱毒疫苗。

7.防治

发生口蹄疫时,应立即上报,划定疫区,严格封锁,就地扑灭,严防蔓延。疫区内的牛进行检疫,病牛就地治疗。病畜内脏和污染物烧毁,病畜肉做无害化处理。自然死亡时一律烧毁。

(二)牛病毒性腹泻(黏膜病)

牛病毒性腹泻又称黏膜病,是由牛病毒性腹泻(黏膜病)病毒引起的一种急性或慢性传染病,其特征为发热、鼻漏、咳嗽、消化道黏膜发炎糜烂、腹泻及淋巴组织显著损害。

1.病原

本病的病原——黏膜病病毒,可在牛、绵羊、山羊和兔体内增殖,也可在牛睾丸、肾、脾及气管细胞中生长。对热、脂溶剂及pH3以下均敏感,对外界环境的抵抗力不强,常用消毒药均能很快杀灭该病毒。

2.流行病学

病牛是主要的传染源。病牛的鼻、咽、小肠黏膜、淋巴组织、口鼻眼分泌物及排泄物均含有大量病毒,可由鼻汁、泪水、流产胎儿及粪尿排出病毒,可直接或间接接触传播。主要由于摄食被污染的饲料、饮水而感染。病畜咳嗽、剧烈呼吸、喷出传染性飞沫也可使易感牛感染,还可通过胎盘和精液传播。

不同品种、年龄、性别的牛均易感,但大多数呈隐性感染,3~18月龄的小牛易感性较高,常表现发病。一般新疫区急性病例多,一年四季均可发生,但多发于冬季或初春。

3.症状

自然感染的潜伏期为7~10天。一般可分为急性型、亚急性型和慢性型。

（1）急性型

多见于8月龄到2岁的青年牛。病初体温升高在40.5~41℃,通常持续4~7天,有的呈双相热,病牛精神沉郁,食欲减退或废绝,反刍停止,泌乳减少,心率增加,呼吸促迫、咳嗽、流泪、流涎,口腔黏膜和舌面出现糜烂或溃疡,呼出恶臭气体。特征症状为腹泻,可持续1~4周或数月。病初粪稀如水,以后变浓稠、恶臭,带有黏液、血液、坏死的肠黏膜和小气泡。乳牛产奶量下降,孕牛可发生流产,少数牛还可出现蹄叶炎或角膜混浊等症状,病程一般为1~2周。

（2）亚急性或慢性型

体温变化不大,食欲不振,呈进行性消瘦。特征症状是持续性或间歇性腹泻,鼻镜融合性糜烂和蹄叶炎造成跛行。蹄部和少毛的皮肤常出现痂块性的浅层糜烂。病程最长者可达18个月。

4.病变

主要病变在消化道黏膜。在口腔(包括内唇、切齿齿龈、上颌、舌面、颊的深部)和食管黏膜有特征性的浅层性糜烂溃疡。整个胃肠道充血、出

血和溃疡,甚至出现较严重的坏死性炎症,肠系膜淋巴结肿胀。组织学病变主要为消化道上皮细胞的脓肿和坏死,淋巴结出血和生发中心坏死,脾白髓萎缩,小梁增生和生发中心出血。

5.诊断

根据症状并结合流行情况,可以做出初步诊断。但是引起牛腹泻和口腔黏膜糜烂或溃疡的疾病很多,所以最后确诊必须依靠实验室检查,特别是新发本病的地区。从急性发热期采取的病料接种于牛源细胞培养物中分离病毒,有CPE毒株用空斑试验鉴定,无CPE株用鸡新城疫病毒强化试验鉴定,实践中常用血清学试验确诊本病。在病初及病后3~4周采血做病毒中和试验,如抗体滴度升高4倍以上,即可确诊。实际工作中常用琼脂扩散试验诊断,可从病牛组织中发现病毒抗原。荧光抗体也可用于该病诊断。

鉴别诊断:当病牛出现口腔黏膜的糜烂、溃疡、鼻镜、干痂、眼鼻有分泌物时,应注意与牛瘟、恶性卡他热、蓝舌病等区别。

6.防治

加强饲养管理和严格的消毒是预防本病的有效措施。最重要的措施是严格检疫,杜绝传染源进入非疫区,本病的隐性感染很常见,在引进种畜和冷冻精液时必须严格检疫。

本病目前无特效疗法。一旦发生本病,对病牛要隔离治疗或急宰,对同群牛和有接触史的牛群应反复进行临床学和病毒学检查,及时发现病牛和带毒牛。对持续感染牛应坚决淘汰。对病牛,应用收敛剂或补液等保守疗法,为减少继发性细菌感染,可投给抗生素和磺胺类药物。口腔病变严重和腹泻剧烈的病例预后不良,慢性病例也无治愈希望,应及早淘汰。

(三)牛结节性皮肤病

1.病原

牛结节性皮肤病是由痘病毒引起的一种急性、慢性传染疾病,主要临床特征表现为病牛发热、消瘦,淋巴结肿大,皮肤水肿、局部形成坚硬的结节或溃疡等。该病毒存在于病牛的皮肤结节、肌肉、血液、内脏、唾液、鼻腔分泌物及精液中,其自然感染的潜伏期为14~35天,病牛恢复后常带毒21天以上。主要通过节肢动物进行机械性传播,也可通过饮水、饲料或直接接触而传播,同时具有一定的季节性特征。患病牛是该病的主要传染源,在流行地区发病率差异很大,在同一疫区的不同农场中发病率也不同,通常为2%~20%,个别地区在80%以上;死亡率通常为10%~20%,有时为40%~75%。

2.临床症状

被感染的患病牛体温升高至40℃以上,呈稽留热型并持续7天左右。初期表现为鼻炎、结膜炎,进而表现眼和鼻流出黏脓性分泌物,并可发展成角膜炎,肉牛增重降低。主要特征是病牛体表皮肤出现硬实、圆形隆起、直径20~30毫米或更大的结节,界限清楚,触摸有痛感,一般结节最先出现于头部、颈部、胸部、会阴、乳房和四肢,有时遍及全身,严重的病例在牙床和面颊内出现肉芽肿性病变。皮肤结节位于表皮和真皮,大小不等,可聚集成不规则的肿块,最后可能完全坏死,但硬化的皮肤病变可能持续存在几个月甚至几年。有时皮肤坏死可招引蝇虫叮咬最后形成硬痂,脱落后留下深洞;也可能继发化脓性细菌感染和蝇蛆病。

病牛体表淋巴结肿大,以肩前、腹股沟外、股前、后肢和耳下淋巴结最为突出,胸下部、乳房、四肢和阴部常出现水肿。四肢部肿大明显,可达3~4倍。眼、鼻、口腔、直肠、乳房和外生殖器等处黏膜也可形成结节并很快形成溃疡。重度感染牛康复缓慢,可形成原发性或继发性肺炎。哺乳期母牛可发生乳房炎,妊娠期母牛可能流产,公牛病后4~6周内不育,若发生睾丸炎则可出现永久性不育。

3.病理变化

剖检病变主要表现在消化道、呼吸道和泌尿生殖道等处黏膜,尤以口、鼻、咽、气管、支气管、肺部、皱胃、包皮、阴道、子宫壁等的病变明显。在结节附近通常还出现明显的炎症反应,皮下组织、黏膜下组织和结缔组织有浆液性、出血性渗出液,呈红色或黄色。皮肤最初病变为水肿、表皮增生及上皮样细胞浸润,随后出现淋巴细胞、浆细胞和成纤维细胞等浸润。真皮和皮下组织的血管和淋巴管形成栓塞,出现血管炎、血管周围炎和淋巴管炎,血管周围细胞聚集成套状。在上皮细胞、平滑肌细胞、皮腺细胞、浸润的巨噬细胞和淋巴细胞内可观察到圆形或卵圆形、嗜伊红染色的胞浆内包涵体。这些包涵体呈圆形或卵圆形,表面有球状突起,周围有晕圈。由于淋巴液的聚集和渗出,可引起皮炎、肌炎及淋巴炎,并通过感染淋巴结使淋巴液回流受阻,引起一肢或多肢及前腹壁肿胀,患牛

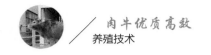
跛行可能与四肢肿胀有关。

4.防控建议

总体防控原则:控制传染源,切断传播途径,保护易感牛群。

对购进牛除依照相关管理条例执行外,发现有疑似病例应立即确诊,不得延误;对确诊病牛应立即扑杀,并进行无害化处理;对牛圈舍、运动场的粪污、饮水槽等及时清理,整体消毒;建议夏秋季节,每3天彻底消毒一次;对牛体外用5%敌百虫喷雾和除癞灵身上涂抹,防止蚊虫叮咬,建议一周进行一次;可采用黄芪多糖、电解多维、维生素C等自由饮用,增强牛群免疫力。

预防方案:对受威胁的疫点、疫区的健康牛,一般采用5~10倍剂量的羊痘疫苗免疫。在疫苗免疫时,应考虑到处于潜伏期或是亚临床症状的牛,免疫后可能会激发临床症状,因此应注意观察,及时对有症状表现的牛予以扑杀。

控制方案:对尚未表现出症状,处于潜伏期的牛可用以下两种方法处理(可单独或同时使用):①氨苄西林+沙拉沙星打一侧,炎热/牧痛另一侧。②卡巴匹林钙100克+派多稳100克+板青颗粒300克+黄栀口服液200毫升,共对水100千克,自由饮用。

(四)牛传染性支原体肺炎

1.病原

由牛支原体引起,是牛呼吸道疾病的一种主要病原,可引起牛的肺炎、关节炎、中耳炎、脑膜炎、角膜结膜炎、生殖道炎症、流产和不孕等疾病。

2.症状

病牛临床表现精神沉郁,卧地不愿站立;食欲下降,流脓性或清亮鼻液,剧烈咳嗽;严重者食欲废绝,被毛粗乱无光,病程长者逐渐消瘦;部分牛继发关节炎,表现跛行、关节脓肿等症状。发病初期体温升高至41℃,后期体温略偏高,部分牛便血;继发结膜炎,眼睑水肿、流泪等。剖检病理变化主要集中在胸腔与肺部,肺和胸膜发生不同程度粘连,有少量积液;肺发生一定程度的肉样变,剖检死亡牛只可见肺部广泛分布有呈米粒大小至黄豆大小的干酪样或化脓性坏死灶;心脏冠状脂肪呈胶冻样变,并有少量出血点,心包积液,心尖有点状出血;气管、喉头有少量点状出血,并有脓性渗出物;胆囊充盈肿大;脾脏苍白皱缩。

3.治疗

选用敏感药物,牛支原体对青霉素和头孢类不敏感,应选作用于细菌蛋白质合成的相关药物。选用对牛支原体与细菌高敏的药物,如环丙沙星、四环素、泰乐菌素类(泰乐菌素、替米考星、瑞可新)及泰妙菌素类抗菌药(支原净、沃尼妙林)等。检测其电解质和酸碱度,补充碳酸氢钠和氯化钾等,增加维生素类输液、肌内注射或口服此类维生素。

4.防治

本病多发生于长途运输引起的应激症。应加强检疫,引进牛群做好隔离观察工作。新进牛群注意饲喂适宜的优质干草,饲喂量逐步增加,给予清洁饮水,可以给予适当的健胃散制剂。对于发生疫情的牛场及周围环境,每天消毒1~2次;加强对病死牛以及污染物、病牛排泄物的无害化处理,灭蚊蝇和老鼠传染媒介,断掉传播链。

(五)牛关节炎

1.症状

牛关节炎是牛关节滑膜层的渗出性炎症。其特征是滑膜充血、肿胀,有明显渗出,关节腔内蓄积多量浆液性或浆液纤维素渗出物,多见牛的跗关节、膝关节和腕关节。急性浆液性关节炎:关节肿大,局部增温,疼痛,关节内渗出物较多时,按压有波动感。慢性浆液性关节炎:关节积液,触诊有波动,无热、无痛。病程长,表现为关节畸形,硬性肿胀,跛行一般较轻,但活动受到限制,步幅较小。

2.病因

多种原因引起,大肠杆菌支原体、霉形体等多种疾病均可发生。

3.治疗

治疗原则是制止渗出,促进炎性渗出物吸收,排出积液,消炎镇痛。

①病初,为制止炎症渗出,用醋酸铅和明矾(2:1)溶液冷敷。

②急性炎症缓和后,改用温热疗法,如用10%~25%硫酸镁(钠)溶液温敷,包扎用鱼石脂酒精(1:10)热绷带。或给关节腔内注入0.5%普鲁卡因青霉素(40万国际单位),关节腔内积脓时,应排出脓汁,用5%碳酸氢钠液、0.1%新洁尔灭溶液、0.1%高锰酸钾液、0.1%依沙吖啶液等反复冲洗关

节腔,直至抽出的药液变透明为止。再向关节腔内注入普鲁卡因青霉素液30~50毫升,1日1次。

二 肉牛常见寄生虫病防控

肉牛体内外的寄生虫,不仅与肉牛争夺各种养分,还会引发疾病,造成生产损失。特别是易地育肥的架子牛,由于长途运输,环境变化大,往往感染寄生虫的机会更多。肉牛常见的寄生虫病有:肉牛胃肠道线虫病、肺线虫病、球虫病和牛皮蝇蛆病等。

(一)消化道原线虫病

在牛的消化道内寄生的原线虫较多,主要有捻转血矛线虫、指形长刺线虫、食管口线虫、仰口线虫、夏伯特线虫等。它们多混合感染,其中以捻转血矛线虫的致病力最强。捻转血矛线虫病是由捻转血矛线虫在牛的真胃及小肠内寄生所引起的一种反刍兽原线虫病,在我国各地普遍存在,危害较大。

1.病原

捻转血矛线虫在胃中寄生引起,该虫从牛食入感染性幼虫到粪便中出现虫卵,需18~21天。春夏秋多发。

2.症状

患牛的贫血、肝脏的坏死、变性及机体衰弱。临床上可见病牛贫血、结膜苍白、下颌及腹下水肿,身体瘦弱、被毛粗乱、睡地不起、便秘与腹泻交替,持续时间较长。

3.诊断

本病的诊断可采用粪检,用饱和盐水漂浮法在粪便中发现虫卵即可确诊。因虫卵形态无特征性,必要时可用粪便培养Ⅲ期幼虫而确诊。

4.防治

(1)预防

春秋两季定期驱虫;对粪便进行无公害化处理;堆积发酵,利用生物热杀灭虫卵及幼虫;合理安排放牧,应避免在低洼地区放牧,不要让牛饮低洼地的积水及死水;加强饲养管理;合理补充精料,增强机体抵抗力。

（2）治疗

盐酸左旋咪唑:8毫克/千克体重口服或4~5毫克/千克体重肌注;酚噻嗪(硫化二苯胺)0.2~0.4克/千克体重,用稀面糊配成1%~10%悬乳液灌服或拌于料中给予,最高限量为每头牛60克;驱蛔灵(磷酸哌嗪或柠檬酸哌嗪):0.2克/千克体重投服。

（二）球虫病

球虫病是犊牛的一种肠道原虫性疾病,临床上以腹泻、下痢及出血性肠炎为特征,在多数牛场呈亚临床感染而常被忽视,但其感染率很高(60%以上),造成的经济损失也很严重。

1.病原

犊牛球虫病的病原体为球虫,种类较多,分属于艾美耳科的艾美耳属和等孢属,其中以邱氏艾美耳球虫和牛艾美耳球虫最为常见,致病力也最强。

2.流行病学

各品种牛均有易感性,以生产、繁殖性能较高的品种牛易感性较强;2岁以内牛的发病率较高,死亡率亦较高,老龄牛多为带虫者;本病多发生于低洼、潮湿或沼泽地区放牧的牛,在潮湿的环境中,卵囊发育较快,主要通过饲草等消化道传染;在饲料成分突然改变或牛患某种传染病时,由于机体抵抗力降低,容易诱发本病。

3.症状

犊牛常呈急性病症,病程10~15天,大肠黏膜上皮细胞大量脱落而致溃疡、出血。病牛表现精神沉郁,被毛粗乱,粪便稀薄,稍带黄色。1周后,体温升高至40~41℃,身体消瘦,瘤胃蠕动及反刍停止,肠蠕动增强,排出带血的稀粪,其中混有纤维素性薄膜,恶臭,后肢及尾部常为稀粪污染。末期粪呈黑色,几乎全为血液,有的陷于恶病质而死亡。

4.诊断

临床上发现犊牛血病及粪便恶臭时,可采取粪便镜检,发现球虫卵囊即可确诊。死后剖检时,如在直肠、盲肠等部位有出血性肠炎或溃疡时,可刮取黏膜镜检,发现裂殖子及卵囊也可确诊。

本病在症状上须注意与犊牛大肠杆菌病进行鉴别诊断。大肠杆菌病

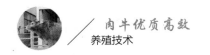
多发生于生后1月内的小牛,尸体剖检时脾肿大,粪检无卵囊。而球虫病多发生于1个月以上的犊牛,脾脏不肿大,粪检可见卵囊或裂殖子。

5.防治

（1）预防

将成年牛与犊牛隔离饲养管理,放牧地也应分开;保持卫生,垫草及粪便运往贮粪地点进行消毒或堆积发酵处理,每周用3%~5%热火碱水消毒地面、饲槽1次;饲料及饮水要避免被粪便等污物污染,哺乳母牛的乳房在哺乳前应擦洗干净,被粪便等污物污染的乳房不可进行哺乳;犊牛饲料的改变逐步过渡进行,以防突然改变时使犊牛胃肠不适应而引起球虫病的发生。

（2）治疗

可采用药物治疗。氨丙啉:20~50毫克/千克体重口服,1日1次,连用5~6天,也可在饲料或饮水中按0.004%~0.008%浓度加入用于预防;磺胺二甲嘧啶(SMZ)0.1克/千克体重口服,1日1次,连用3~7天。

（三）牛皮蝇蛆病

牛皮蝇蛆病又称"牛崩虫病",是由牛皮蝇和纹皮蝇的幼虫在牛背部皮下寄生所引起的疾病,可引起牛的皮下组织发炎、化脓、坏死、掉膘、消瘦,生产性能下降。

1.病原

本病由牛皮蝇和纹皮蝇幼虫在牛体内寄生引起。

2.症状

幼虫钻入皮肤,引起牛皮肤痛痒不安;组织炎症,如食管浆膜炎及皮下组织蜂窝织炎;幼虫在皮下寄生,导致皮肤隆起,形成0.1~0.2毫米的小孔,从而损伤皮肤,继发细菌感染时引起化脓,皮肤上形成瘘管,有脓液或浆液流出;导致肌肉稀血、贫血,个别幼虫钻入脑内,导致牛的昏厥、麻痹等神经症状。

3.诊断

在牛的背部皮下发现幼虫即可确诊。在幼虫寄生的背部皮肤上的肿瘤状隆起,上有小孔,孔内含有幼虫,可用力挤出。

4.防治

（1）预防

由于蝇类繁殖迅速,故扑灭成蝇愈早愈好。定期用敌百虫液或1‰敌杀死溶液等喷洒牛体。搞好牛舍及运动场环境卫生,要经常清扫、消毒,使落地幼虫不能发育为蛹,防止蛹的羽化,对牛粪进行堆积发酵处理。

（2）治疗

倍硫磷:杀灭牛皮蝇蛆的特效药,每年的10—11月份,以7~10毫克/千克体重臀部肌肉注射,高效倍硫磷油剂,按0.5毫升/千克体重肌注;蝇毒磷:可采用其25%浓度的针剂,5~10毫克/千克体重肌肉注射;也可用其25%可湿性粉剂,配成有效浓度为0.5%的水溶液喷洒牛体;虫克星:用其1%浓度的针剂,0.2毫克/10千克体重颈部皮下注射,或采用2%浓度的粉剂,1克/10千克体重灌服;敌百虫:用2%浓度的水溶液在牛背部涂擦2~3分钟,24小时后虫体即软化死亡,杀虫率90%~95%。涂擦前应首先消除皮孔周围的痂垢,以利于药液充分接触虫体。在存养牛数不多的情况下可1月1次。

（四）牛血汗症

牛血汗症是由牛副丝虫在牛的皮下及肌间结缔组织寄生所引起的一种线虫病,表现为牛皮肤上如淌汗般出血,故而得名。

1.病原

牛副丝虫引起寄生于牛的皮下及肌间结缔组织,雌虫移行至皮下形成出血性小结节。

2.症状

本病多见于4岁以上的牛,犊牛很少见。虫体在牛的颈甲、背部、肋部等处形成6~20毫米的结节,系血液在皮下积聚而成的半圆形肿块,结节处毛竖起,结节在穿孔、血液流出后消失。有时,结节内虫体死亡,结节化脓,导致皮下脓肿或皮肤坏死。在温暖季节,1个部位的结节消失,3~4周后可再次出现,直至天气变冷为止。

3.诊断

根据本病夏季多发、皮肤上形成含血结节及结节穿孔后的短期出血等特点可初步做出诊断。确诊需压迫结节,将压出的血液滴在载玻片上,加蒸馏水溶血后查找幼虫或虫卵。

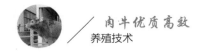

4.防治

本病轻时不需处理，严重时可试用1%酒石酸锑钾液100毫升静脉注射，1日1次，连用3天。也可试用阿维菌素颈部皮下注射。预防的重点是消灭吸血昆虫——蝇。

▶ 第四节　牛常见普通病防治技术

一　肉牛常见的消化道疾病

肉牛是以粗饲料作为主要饲料的草食动物和反刍动物。肉牛饲料的种类、饲料加工、饲料配合与饲养管理必须符合肉牛的消化生理特点，否则容易造成肉牛消化道疾病的发生。肉牛常见的消化道疾病包括前胃弛缓、瘤胃积食、瘤胃鼓气和瘤胃酸中毒等。

（一）前胃弛缓

前胃弛缓，是前胃兴奋性降低和收缩力减弱，内容物排出延迟所引起的疾病。

1.病因

主要为饲养管理不良造成。长期饲喂粗糙、不易消化的饲料，饲喂发霉、腐烂、变质的饲料，饲料单一或精料过多，更换饲料或饲料过热过凉，受寒感冒，过度劳役，饥饱不均而导致发病。此外，其他病也可继发前胃弛缓。

2.症状

临床症状分为急性和慢性两种。急性患畜精神委顿，食欲减退或废绝，反刍减少或停止，瘤胃蠕动消失，按压瘤胃感到松软，瘤胃常呈间歇性鼓气，不采食不鼓气，稍一采食则发生鼓气。口腔潮红，唾液黏稠，气味难闻，先便秘后腹泻。体温、呼吸、脉搏正常。慢性是由急性转来或继发于其他疾病。患畜食欲不振，反刍时有时无，瘤胃蠕动减弱，瘤胃经常性或慢性鼓气，便秘和腹泻交换发生。病程较长时，病畜毛焦体瘦，倦怠乏力，多卧少立,严重者出现贫血、衰竭。

3.诊断

根据病史,食欲不振,反刍减少或停止,间歇性瘤胃鼓气,瘤胃蠕动减少和无力,可以做出诊断。

4.治疗

应消除病因,然后应用药物促进瘤胃蠕动,制止异常发酵和腐败。

①急性:在病初应绝食1~2天;慢性:应给予易消化的饲料。

②促进瘤胃蠕动:口服酒石酸钠2~4克,每天1次,连用3天;或静脉注射10%氯化钠溶液300~500毫升和10%安钠咖20~30毫升;或新斯的明20毫克,1次皮下注射,隔2~3小时再注射1次(孕畜忌用)。

③伴有瘤胃鼓气时应制止发酵,可用松节油30毫升或鱼石脂15~16克,加水适量灌服;便秘时可用硫酸钠100~300克;继发胃肠炎时可用磺胺或抗生素。

④恢复期给予健胃药。龙胆粉、干姜粉、碳酸氢钠各15克,番木鳖粉2克,混合1次内服,1日2次。

⑤中药治疗:白术(土炒)15克,党参15克,黄芪15克,茯苓30克,泽泻18克,青皮12克,木香12克,厚朴12克,甘草9克,苍术(炒)15克。共为细末,温水调,灌服,连服数剂。用于慢性病例,而且兼有粪便稀薄、草料不化、口色淡白者。

(二)瘤胃积食

瘤胃积食又称胃食滞,是采食大量难消化、易膨胀的饲料所致。以瘤胃内容物大量积滞、容积增大、胃壁受压及运动神经麻痹为特征。

1.病因

过量采食粗纤维性饲料,如麦草、谷草、豆秸、花生藤、甘薯藤、棉籽皮等,特别是半干枯的植物蔓藤类最易致病,或过食豆谷类。

2.症状

患畜食欲、反刍、嗳气减少或停止,腹痛不安,瘤胃蠕动微弱或停止,左腹部增大,按压坚硬或呈面团样,有痛感。腹泻,粪呈黑色,味恶臭,严重者粪中带有血液和脓液。体温一般不高,呼吸、心跳加快。肌肉震颤,运动轻微失调。

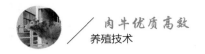

3.诊断

根据过食史和临床症状进行。

4.治疗

促进瘤胃蠕动,排除胃内容物,过食豆谷的病例,要不断补液,并加入碳酸氢钠溶液或乳酸钠溶液,以纠正酸中毒。

(1)内服泻剂

用硫酸镁或硫酸钠400~800克,加鱼石脂15克及水适量,1次内服;也可用液状石蜡或植物油1 000~1 500毫升,或油类和盐类泻剂并用。

(2)促进瘤胃蠕动

静脉注射10%氯化钠300~500毫升,或静脉注射"促反刍液"500~1 000毫升。

(3)过食豆谷的病例

伴有脱水、腹中毒和神经症状时,可补给5%葡萄糖生理盐水或复方盐水,每天8 000~10 000毫升,分2~3次静脉注射,同时加入安钠咖及维生素C;静脉注射5%碳酸氢钠溶液500~800毫升;高度兴奋时,肌肉注射氯丙嗪300~500 毫克。

(4)严重积食

严重积食而药物治疗难以奏效时,可采用瘤胃切开术治疗。

(三)瘤胃酸中毒

1.病因

新购买的肉牛,由于饲养管理条件的变化,突然采食大量易发酵的精料,例如玉米、高粱等谷物类饲料,或采食玉米面等快速发酵的谷物饲料太多,导致瘤胃微生物区系发生变化,乳酸菌大量繁殖,瘤胃中产生大量乳酸,使瘤胃的pH急剧下降。乳酸被瘤胃上皮吸收进入血液,造成肉牛发生酸中毒。

2.症状

瘤胃上皮被腐蚀、脱落。病牛精神不振,食欲与反刍活动减退或停止。病牛呼吸次数60~80次/分钟,脉搏次数在90次以上。嗳气有酸臭味,拉稀,粪便有酸臭味,部分牛可能发生蹄叶炎。严重时可造成牛在1~3天内死亡。

3.治疗

将350克碳酸氢钠溶解在5 000毫升水中，另加液状石蜡1 000毫升，灌服，以缓冲瘤胃内容物的酸度。也可以静脉注射5%的碳酸氢钠溶液，每次3 000毫升。发生严重的瘤胃酸中毒时，需要进行瘤胃切开手术，取出其中的瘤胃内容物。

饲养管理中需要注意的是，肉牛的日粮精粗比一定要适当，精饲料的比例不能太高。精饲料与粗饲料最好混合均匀，一起饲喂。以全混合日粮饲喂为最好。在酒糟等育肥中，日粮中加入0.5%~1%的小苏打。

（四）瘤胃鼓气

瘤胃鼓气又称肚胀和气胀，是过量采食易于发酵的食物，在瘤胃细菌的作用下过度发酵，迅速产生大量气体，致使瘤胃急剧胀大，并呈现反刍和嗳气障碍的一种疾病。

1.病因

引起瘤胃鼓气的主要原因有：①过量采食青绿、幼嫩、多汁的牧草，特别是豆科牧草，如紫云英、苜蓿等。②采食雨后的青草或有霜、露及冰冻牧草，采食腐烂或含有霉菌的干草。③长期舍饲的牛，一旦外出吃了大量青草，以及入青后由吃枯草突然转为吃青草。此外，有些有毒植物中毒、前胃弛缓、食管阻塞、瓣胃阻塞等均可引起继发性瘤胃鼓气。

2.症状

发病迅速，采食后不久即产生鼓气，病畜不安，左腹部急性膨胀，按压紧张而有弹性，叩之如鼓。食欲降低、反刍停止、呼吸困难、结膜发紫，若不及时治疗，可导致胃破裂或窒息而死，继发性瘤胃酸气发展缓慢，鼓气时轻时重。

3.诊断

根据腹部急剧膨胀、呼吸困难等症状，很容易确诊。

4.治疗

根据发病情况可选用一种或几种治疗方法。继发性瘤胃鼓气，应首先治疗其原发病。

（1）人工放气

严重急性鼓气有立即窒息的危险时，用套管针瘤胃穿刺放气。选鼓

胀最突出处剪毛、消毒,用柳叶刀在皮肤切一小口,将套管针直刺入瘤胃,将针栓拔出,气体即可从针孔逸出,同时可从针孔注入一些制酵剂、消泡剂。泡沫性鼓胀时,放气效果不好。

(2)促进嗳气

用短树棍横置于口中,两端拴上细绳,通过两侧口角固定在耳后。

(3)消除泡沫,制止发酵,防止继续产气

可选用以下药物:

鱼石脂15~25克,松节油20~30毫升,酒精30~40毫升,混合,1次灌服。

灌服豆油、花生油、棉籽油等任何一种油类,都有破灭泡沫的作用,用量250毫升。

5.预防

限制饲喂多汁、幼嫩、易发酵的牧草,特别是豆科牧草;不饲喂腐烂、发霉的草料。

二 肉牛常见的繁殖疾病

(一)卵泡囊肿

由于未排卵的卵泡上皮变性,卵泡壁结缔组织增生,卵细胞死亡,卵泡液增多,卵泡体积比正常成熟卵泡增大而形成的囊泡,称为卵泡囊肿。

1.病因

主要是FSH分泌过量而LH分泌不足,使卵泡过度发育,不能正常排卵而形成大的囊泡。也有的因卵巢不断产生新的卵泡而形成多个小囊肿。直检时,可感到卵泡囊肿直径3~4厘米,皮厚内液似不充实。

2.症状

由于卵泡过度发育,因此大量分泌雌激素,使母畜发情症状强烈,精神高度不安,哞叫,追逐爬跨其他母畜,而形成"慕雄狂"。由于不能排卵,所以发情持续期长。如持续时间过久,由于卵泡壁变性,不再产生雌激素,母畜即不表现发情症状。

3.治疗

在早期应注射促排卵2号(LRH-A2)或促排卵3号,以促使其成熟后排卵。后期应肌肉注射LH200~400国际单位,促使排卵或黄体化。对于壁厚的卵泡囊肿可一次注射氯前列烯醇0.4毫克促使破裂排卵。

(二)黄体囊肿

1.病因

一是成熟的卵泡未能排卵,卵泡壁上皮黄体化形成的,叫黄体化囊肿;二是排卵后由于某些原因黄体化不足,在黄体内形成空腔,腔内聚集液体而形成黄体囊肿。

2.症状

黄体囊肿由于分泌孕酮,抑制垂体分泌促性腺激素,所以卵巢中无卵泡发育,因此母畜不表现发情。直检时,黄体囊肿大(7~15厘米),壁厚而软,不那么紧张。

3.治疗

肌注黄体酮50~100毫克,隔3~5天一次,连用2~4次。或者肌注促黄体素100~200国际单位,若一周后未见好转,可再用第二次,以促进黄体进一步黄体化,体积逐渐缩小。

(三)子宫内膜炎

1.病因

病原微生物的感染,包括细菌、真菌、支原体、霉形体及病毒等。

外源性感染:病原微生物经阴道和子宫颈进入子宫内而感染。胎衣不下、难产、阴道和子宫脱出,产后子宫颈开张和外阴松弛,输精、助产时器械或手臂及母畜外阴部消毒不严,阴道炎、子宫颈炎等都为病原微生物侵入子宫内创造了条件。其中胎衣不下和难产是引起子宫感染的主要原因。研究结果表明,日粮营养价值不全,维生素、微量元素及矿物质缺乏或不足,或者矿物质比例失调时,母牛的抗病力降低,容易发生子宫内膜炎。

2.诊断

急性卡他性或卡他脓性子宫内膜炎常于产后或流产10天内发病,病牛有时拱背、努责,从阴门中排出黏液性或黏脓性分泌物,有腐败臭味,全身症状不明显;慢性子宫内膜炎主要表现为屡配不孕,发情时阴道分泌物增多。

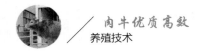

3.预防

加强饲养管理,多种饲料搭配,最好饲喂全价日粮;制定并严格遵守产房制度,防止分娩过程和产后受到感染;严格遵守人工授精的无菌操作制度,输精器械必须一用一消毒。

4.局部治疗

冲洗子宫疗法。冲洗子宫是治疗急性和慢性子宫内膜炎的有效方法之一。急性卡他性和卡他性脓性子宫内膜炎常用1%氯化钠液和1%~2%氯化钠苏打液冲洗,5%氯胺液或0.5%高锰酸钾液冲洗。鲁格尔氏液(3克碘化钾和1克碘溶于100毫升水中)100毫升注入子宫,并适当按摩,第2天用10%氯化钠液冲洗子宫。冲洗液的温度,急性炎症宜36~41℃,慢性炎症宜45~50℃。每天或隔天1次,每次反复几次冲洗,直至回流液透明。

参 考 文 献

[1] 许尚忠,高雪.中国黄牛学[M].北京:中国农业出版社,2013.

[2] 昝林森.牛生产学[M].北京:中国农业出版社,2007.

[3] 国家畜禽遗传资源委员会.中国畜禽遗传资源志·牛志[M].北京:中国农业出版社,2011.

[4] 郎利敏,赵彩艳,陈付英.肉牛高效养殖技术[M].北京:中国农业出版社,2021.

[5] 郭波莉,魏益民,潘家荣.牛肉产地溯源技术研究[M].北京:科学出版社,2009.

[6] 曹兵海.中国肉牛业抗灾减灾与稳产增产综合技术措施[M].北京:化学工业出版社,2008.

[7] 颜培实,江中良,陈昭辉,等.肉牛健康高效养殖环境手册[M].北京:中国农业出版社,2021.

[8] 陈有亮.牛产品加工新技术[M].北京:中国农业出版社,2002.

[9] 李英,桑润滋.现代肉牛产业化生产[M].石家庄:河北科学技术出版社,2000.

[10] 彭增起.牛肉食品加工[M].北京:化学工业出版社,2011.

[11] 王之盛,万发春.肉牛标准化规模养殖图册[M].北京:中国农业出版社,2019.

[12] 冯仰廉.反刍动物营养学[M].北京:科学出版社,2004.

[13] 陈世军,崔耀明.肉牛场兽药规范使用手册[M].北京:中国农业出版社,2018.

[14] 陈怀涛.牛羊病诊治彩色图谱[M].北京:中国农业出版社,2009.

[15] 邢廷铣.农作物秸秆饲料加工与应用[M].北京:金盾出版社,2000.

[16] 王锋.肉牛绿色养殖新技术[M].北京:中国农业出版社,2003.

[17] 费恩阁.动物传染病学[M].长春:吉林科学技术出版社,1995.

[18] 王明利.中国肉牛产业发展规律及政策研究[M].北京:中国农业出版社,2016.

[19] 常洪.动物遗传资源学[M].北京:科学出版社,2009.

［20］吴晋强.动物营养学［M］.合肥：安徽科学技术出版社,2010.

［21］陈宏权.动物遗传学［M］.北京：中国农业出版社,2002.

［22］殷宏.肉牛牦牛寄生虫病防治百问百答［M］.北京：中国农业出版社,2012.

［23］陈幼春.现代肉牛生产［M］.北京：中国农业出版社,2012.

［24］李宁,方美英.家养动物驯化与品种培育［M］.北京：科学出版社,2012.

［25］卢德勋.系统动物营养学导论［M］.北京：中国农业出版社,2004.